W0256692

WERKSTATTBÜCHER

FÜR BETRIEBSANGESTELLTE, KONSTRUKTEURE UND FACH-ARBEITER. HERAUSGEGEBEN VON DR.-ING. H. HAAKE, HAMBURG

Jedes Heft 50—70 Seiten stark, mit zahlreichen Abbildungen

Die Werkstattbücher behandeln das Gesamtgebiet der Werkstattstechnik in kurzen selbständigen Einzeldarstellungen: anerkannte Fachleute und tüchtige Praktiker bieten hier das Beste aus ihrem Arbeitsfeld, um ihre Fachgenossen schnell und gründlich in die Betriebspraxis einzuführen.

Die Werkstattbücher stehen wissenschaftlich und betriebstechnisch auf der Höhe, sind dabei aber im besten Sinne gemeinverständlich, so daß alle im Betrieb und auch im Büro Tätigen, vom vorwärtsstrebenden Facharbeiter bis zum leitenden Ingenieur, Nutzen aus ihnen ziehen können.

Indem die Sammlung so den Einzelnen zu fördern sucht, wird sie dem Betrieb als Ganzem nutzen und damit auch der deutschen technischen Arbeit im Wettbewerb der Völker.

Einteilung der bisher erschienenen Hefte nach Fachgebieten

I. Werkstoffe, Hilfsstoffe, Hilfsverfahren

	Heft
Der Grauguß. 3. Aufl. Von Chr. Gilles	19
Stahl- und Temperguß. 3. Aufl. Von E. Kothny	24
Die Baustähle für den Maschinen- und Fahrzeugbau. Von K. Krekeler	75
Die Werkzeugstähle. Von H. Herbers	50
Hartmetalle in der Werkstatt. 2. Aufl. Von A. Rottler	62
Kupfer und Kupferlegierungen. 3. Aufl. Von H. Keller u. K. Eickhoff	45
Leichtmetalle. 3. Aufl. Von F. Böhle	53
Hitzehärtbare Kunststoffe — Duroplaste —. Von A. Nielen †	109
Nichthärtbare Kunststoffe — Thermoplaste —. Von H. Determann	110
Furniere — Sperrholz — Schichtholz I. 2. Aufl. Von J. Bittner	76
Furniere — Sperrholz — Schichtholz II. 2. Aufl. Von L. Klotz	77
Härten und Vergüten des Stahles. 6. Aufl. Von H. Herbers	7
Die Praxis der Warmbehandlung des Stahles. 6. Aufl. Von P. Klostermann	8
Brennhärten. 2. Aufl. Von H. W. Grönegreß	89
Induktionshärten. Von E. Höhne	116
Elektrowärme in der Eisen- und Metallindustrie. 2. Aufl. Von O. Wundram	69
Die Gaswärme im Werkstättenbetrieb. Von F. Schuster	115
Die Brennstoffe. 2. Aufl. Von E. Kothny	32
Öl im Betrieb. 3. Aufl. Von K. Krekeler u. P. Beuerlein	48
Farbspritzen. 2. Aufl. Von R. Klose	49
Anstrichstoffe und Anstrichverfahren. Von R. Klose	103
Rezepte für die Werkstatt. 6. Aufl. Von W. Barthels	9
Dichtungen. Von K. Trutnovsky	92

II. Spangebende Formung

Die Zerspanbarkeit der Werkstoffe. 3. Aufl. Von K. Krekeler	61
Gewindeschneiden. 5. Aufl. Von O. M. Müller	1
Bohren. 4. Aufl. Von J. Dinnebier	15
Senken und Reiben. 4. Aufl. Von J. Dinnebier	16
Innenräumen. 3. Aufl. Von A. Schatz	26

(Fortsetzung 3. Umschlagseite)

WERKSTATTBÜCHER

FÜR BETRIEBSANGESTELLTE, KONSTRUKTEURE UND FACH-
ARBEITER. HERAUSGEBER DR.-ING. H. HAAKE, HAMBURG

HEFT 63

E. Busch †

Der Dreher als Rechner

Wechselräder-, Kegel-, Schnittgeschwindigkeits- und
Arbeitszeitberechnungen in einfacher und anschaulicher Darstellung
zum Selbstunterricht und für die Praxis

Fünfte neubearbeitete Auflage
(23. bis 28. Tausend)

von

Dr.-Ing. H. Haake und Ing. O. Lattermann

Hamburg

Mit 35 Abbildungen

Springer-Verlag
Berlin Heidelberg GmbH
1957

ISBN 978-3-540-02230-5   ISBN 978-3-642-86124-6 (eBook)
DOI 10.1007/978-3-642-86124-6

Inhaltsverzeichnis

                                                                   Seite

I. Allgemeines Rechnen 3

  A. Bruchrechnung: Gemeine Brüche 3

    1. Das Wesen der gemeinen Brüche S. 3. — 2. Das Erweitern der gemeinen Brüche S. 5. — 3. Das Kürzen der gemeinen Brüche S. 5. — 4. Das Malnehmen oder die Multiplikation der gemeinen Brüche S. 6. — 5. Das Teilen oder die Division der gemeinen Brüche S. 7.

  B. Bruchrechnung: Dezimalbrüche 9

    6. Allgemeines von den Dezimalbrüchen S. 9. — 7. Das Erweitern der Dezimalbrüche S. 10. — 8. Das Kürzen der Dezimalbrüche S. 10. — 9. Das Gleichnamigmachen der Dezimalbrüche S. 11. — 10. Das Verwandeln von gemeinen Brüchen in Dezimalbrüche und umgekehrt S. 11. — 11. Das Malnehmen von Dezimalbrüchen S. 12. — 12. Das Teilen von Dezimalbrüchen S. 12. — 13. Das Malnehmen mit 10, 100, 1000 usw. S. 13. — 14. Das Teilen durch 10, 100, 1000 usw. S. 14. —

  C. Von den Verhältnissen und Proportionen 14

    15. Das Wesen der Verhältnisrechnung S. 14. — 16. Das Verhältnis als Bruch S. 16. — 17. Von der Proportion S. 17. — 18. Vom Vergleichen der Zahlen S. 18.

  D. Etwas über das Rechnen mit Buchstaben und Gleichungen 18

    19. Malnehmen oder Multiplikation von Brüchen S. 19. — 20. Teilen oder Division von Brüchen S. 19. — 21. Gleichungen, in denen Zahlen und Buchstaben enthalten sind S. 20.

II. Das Berechnen von Wechselrädern 21

  A. Etwas über Zahnräder und Gewinde 21

    22. Stirnräder mit geraden Zähnen S. 21. — 23. Sonstige Zahnräder S. 23. — 24. Übersetzungsverhältnisse von Schalt- und Wechselrädern S. 23. — 25. Das Zusammenbringen der Wechselräder S. 25. — 26. Gewindearten S. 26. — 27. Gewindesteigungen S. 28.

  B. Berechnen von Wechselrädern für mm- und Zoll-Gewinde 28

    28. Steigungs- und Radverhältnis, Räderformel S. 28. — 29. Die Leitspindel hat mm-Steigung S. 30. — 30. Die Leitspindel hat Gangsteigung S. 30.

  C. Berechnen von Wechselrädern bei Drehbänken mit innerer Übersetzung ... 32

    31. Maschinensteigung und -gänge statt Leitspindelsteigung und -gänge S. 32.

  D. Wechselräder für Modul- und Pitch-Steigungen 34

    32. Etwas über Genauigkeiten S. 34. — 33. Die Maschinensteigung ist in mm gegeben S. 35. — 34. Maschinensteigung ist Gangsteigung S. 35.

  E. Schwierigere Fälle von Wechselradberechnungen 36

    35. Notwendigkeit von Näherungswerten S. 36. — 36. Kettenbruchrechnung S. 37. — 37. Näherungsrechnung mit Faktorentafel S. 38. — 38. Näherungsrechnung mit Rechenschieber S. 39.

  F. Vorschubschaltgetriebe für Drehbänke 39

    39. Der Aufbau des Vorschubantriebes S. 39. — 40. Die Umstellung auf Modul- und Pitch-Steigungen S. 43.

III. Berechnungen beim Kegeldrehen 43

  A. Allgemeines über Winkel, Dreieck, Kegel 43

    41. Der Tangens S. 43. — 42. Etwas von den Flächen S. 46. — 43. Etwas von den Körpern S. 47.

  B. Das Kegeldrehen 47

    44. Kurze Kegel: Schrägstellen des Werkzeugschlittens S. 47. — 45. Lange Kegel: Drehen mit Leitschiene S. 48.

IV. Drehzahlnormung und Schnittgeschwindigkeits-Schaubilder 49

    46. Etwas über Potenzen und Exponenten S. 49. — 47. Etwas vom logarithmischen Rechnen S. 52. — 48. Der Rechenschieber S. 57. — 49. Arithmetische und geometrische Reihen, Normungszahlen S. 57. — 50. Genormte Drehzahlen für Werkzeugmaschinen S. 58. — 51. Zusammenhang zwischen Durchmesser, Schnittgeschwindigkeit und Drehzahl S. 59. — 52. Schnittgeschwindigkeits-Schaubilder S. 60.

V. Arbeitszeitermittlung beim Drehen 62

    53. Die Drehzahlen der Hauptspindel (Drehspindel) S. 62. — 54. Berechnen der Laufzeit (Schnittdauer) für das Längsdrehen S. 63. — 55. Laufzeit beim Plan- oder Querdrehen S. 65. — 56. Allgemeine Laufzeitformel S. 66. — 57. Die gesamte Arbeitszeit S. 67.

Vorwort

Auch der gut begabte gelernte Facharbeiter an Drehbank, Fräsmaschine, Bohrwerk usw. kann aus technisch-wissenschaftlichen Büchern wie z. B. Werkstattbuch Heft 4 „MAYER, Wechselräderberechnung", Heft 6 „POCKRANDT, Teilkopfarbeiten", Heft 52 „HAPPACH, Technisches Rechnen" oder Heft 88 „KLEIN, Das Fräsen" ohne besondere Vorbereitung nur geringen praktischen Nutzen ziehen, weil ihm mathematische Vorkenntnisse in der Schule leider nur wenig vermittelt worden sind. Viele Facharbeiter haben aber den Wunsch, sich weiter zu bilden, um die „Theorie ihrer eigenen Arbeit" verstehen zu können, einen Wunsch, den man als Ziel jeder Berufsausbildung anerkennen sollte. Nur dann kommt der Mensch wirklich vom „Bedienen" zum „Beherrschen" der Maschine. Dazu gehört aber die Fähigkeit, die wichtigsten Vorgänge der Maschine rechnerisch zu erfassen, und zur Entwicklung dieser Fähigkeit will das vorliegende Buch, von den Arbeiten an der Drehbank ausgehend, dem Praktiker helfen. Vielleicht wird es auch weiter Werkmeistern, Praktikanten, Kalkulatoren und Handwerkern ein treuer Begleiter in ihrer Praxis sein können, nachdem es sich schon in den ersten vier Auflagen zahlreiche Freunde erworben hat[1]. In der neuen Auflage wurde sein Grundcharakter beibehalten, es mußte aber berücksichtigt werden, daß die Wechselräderberechnung für den Dreher in erster Linie nur noch bei der Ausbildung Bedeutung hat, während das Berechnen von Kegeln und Geschwindigkeiten und das Lesen von Geschwindigkeitsdiagrammen heute mehr im Vordergrunde stehen. Die hierzu noch fehlenden rechnerischen Grundlagen wurden daher neu aufgenommen.

Die Verfasser geben dem strebsamen Leser insbesondere folgenden Rat: Der erste Teil dieses Heftes, der in anschaulicher und ausführlicher Weise in die Bruchrechnung einführen soll, enthält nichts Überflüssiges, und es ist unbedingt nötig, ihn Seite für Seite durchzuarbeiten, was je nach Vorbildung dem einen Leser schneller gelingen wird als dem andern. Jeden Abend arbeite man nur ein kurzes Kapitel durch, dieses jedoch mit aller Gründlichkeit. Nach solch sorgfältiger Vorbereitung werden die übrigen Teile in desto kürzerer Zeit erledigt werden können und im Gefühle der Sicherheit mit weitaus größerer Freude.

I. Allgemeines Rechnen

A. Bruchrechnung: Gemeine Brüche

1. Das Wesen der gemeinen Brüche. $\frac{1}{2}$, $\frac{3}{7}$, $\frac{5}{9}$, $\frac{11}{15}$, sind gemeine Brüche.

$\frac{1}{2}$ will sagen, daß ich 1 Ganzes (Apfel, Meter, Liter) in 2 Teile geteilt habe. Dadurch entstanden 2 Hälften, von denen ich eine Hälfte meine. $\frac{1}{2}$ bedeutet demnach „1 geteilt in 2 Teile" oder 1:2. Der Bruchstrich ist zum Doppelpunkt (:) geworden. Der Bruchstrich wird deshalb auch vielfach als „geteilt durch" gelesen. $\frac{3}{4}$ liest man „drei Viertel", aber auch „drei geteilt durch vier" oder noch kürzer „drei durch vier". Jeder Bruch stellt demnach eine Aufgabe aus dem Gebiete des Teilens, oder mit dem Fremdwort[2]: aus dem Gebiete der Division dar.

---

[1] Die erste Auflage erschien als selbständiges Buch 1919, die zweite bis vierte Auflage sind als Werkstattbuch 1937, 1942 und 1948 erschienen, sämtlich bearbeitet von ERNST BUSCH.

[2] Die noch vielfach gebräuchlichen Fremdwörter werden hier genannt, wir wollen aber nach Möglichkeit die deutschen Bezeichnungen verwenden.

Jeder Bruch kann als Teilungsaufgabe und jede Teilungsaufgabe als Bruch aufgefaßt werden.

1. Aufgabe: Lies folgende Ausdrücke in doppelter Form nach beistehendem Muster: $\frac{4}{7}$ heißt vier Siebentel, aber auch 4 geteilt durch 7.

$$\frac{17}{45}, \quad \frac{26}{79}, \quad \frac{3}{10}, \quad \frac{17}{18}, \quad \frac{45}{61}, \quad \frac{131}{235}, \quad \frac{8}{97}, \quad \frac{56}{113}, \quad \frac{87}{1003}, \quad \frac{69}{263}, \quad \frac{8}{19}, \quad \frac{16}{61}.$$

2. Aufgabe: Wie kann ich folgende Ausdrücke auch noch schreiben?

$$3 : 8 = \frac{3}{8} \qquad 2 : 13 = \qquad 10 : 17 = \qquad 5 : 31 = \qquad 36 : 53 =$$

Ein gemeiner Bruch besteht aus zwei Zahlen, die durch einen Querstrich, Bruchstrich genannt, getrennt werden. Die Zahl unter dem Bruchstrich heißt Nenner, weil sie nennt, in wieviel Teile das Ganze geteilt ist. Die Zahl über dem Bruchstrich heißt Zähler, weil sie die Anzahl der Teile, die ich meine, zählt. Zum Beispiel sagt in $\frac{7}{9}$ die 9, daß das Ganze in 9 Teile geteilt ist. Jeder Teil heißt „Neuntel". Die 9 ist also der Nenner. Die 7 sagt, daß ich von diesem Neuntel 7 Stück meine. Sie ist der Zähler. — Man kann einen Bruch auch mit schrägem Bruchstrich schreiben, z. B. $\frac{1}{2}$.

Jeder Bruch besteht aus Zähler und Nenner. Wo stehen Zähler und Nenner?

Als selbstverständlich sehen wir es an, daß ein Ganzes zwei Hälften ($\frac{2}{2}$) oder vier Viertel ($\frac{4}{4}$) hat; ebenso hat das Ganze natürlich auch $\frac{3}{3}$, $\frac{5}{5}$, $\frac{101}{101}$, $\frac{89}{89}$ usw. Bei einem Ganzen ist der Zähler stets gleich dem Nenner.

3. Aufgabe: Verwandle 1 Ganzes in $\frac{}{7}$, $\frac{}{12}$, $\frac{}{25}$, $\frac{}{36}$, $\frac{}{64}$, $\frac{}{3}$, $\frac{}{10}$.

Wenn 1 Ganzes $\frac{2}{2}$ hat, so haben 2 Ganze $2 \times \frac{2}{2} = \frac{4}{2}$; 3 Ganze haben $3 \times \frac{2}{2} = \frac{6}{2}$ usw. 1 Ganzes $= \frac{8}{8}$,; 7 Ganze $= 7 \times \frac{8}{8} = \frac{56}{8}$.

4. Aufgabe:

$$7 = \frac{}{5} \qquad 2 = \frac{}{9} \qquad 13 = \frac{}{5} \qquad 11 = \frac{}{6} \qquad 8 = \frac{}{9} \qquad 9 = \frac{}{6} \qquad 16 = \frac{}{4} \qquad 5 = \frac{}{2}.$$

„$5\frac{7}{9}$". In diesem Ausdruck stehen Ganze (5) mit einem Bruch ($\frac{7}{9}$) zusammen. Das nennt man eine *gemischte Zahl*. Da 1 Ganzes $\frac{9}{9}$ sind, so sind 5 Ganze $5 \times \frac{9}{9} = \frac{45}{9}$. Dazu treten noch $\frac{7}{9}$, so daß ich überhaupt $\frac{45}{9}$ und $\frac{7}{9} = \frac{52}{9}$ habe. Kurz: $5\frac{7}{9} = \frac{52}{9}$; $6\frac{3}{8} = \frac{51}{8}$; $17\frac{4}{5} = \frac{89}{5}$.

5. Aufgabe: Verwandle gemischte Zahlen in Brüche, z. B.:

$$7\frac{3}{4} = \qquad 5\frac{3}{7} = \qquad 3\frac{13}{15} = \qquad 1\frac{17}{18} = \qquad 45\frac{3}{8} = \qquad 6\frac{2}{7} = \qquad 8\frac{10}{11} = \qquad 18\frac{2}{5} =$$

Übe außerdem an selbstgewählten Aufgaben bis zur vollständigen Sicherheit! Wir vergleichen jetzt drei Ausdrücke: $\frac{5}{8}$; $\frac{11}{8}$; $3\frac{7}{8}$.

$\frac{5}{8}$: Der Zähler (5) ist kleiner als der Nenner (8). Das ist ein echter Bruch. Schreibe einige echte Brüche auf! ($\frac{4}{9}$, $\frac{3}{7}$, $\frac{13}{16}$, . . .)

$\frac{11}{8}$: Der Zähler (11) ist größer als der Nenner (8). Das ist ein unechter Bruch. Schreibe einige unechte Brüche! ($\frac{18}{11}$, $\frac{25}{3}$, $\frac{4}{3}$ . . .)

In jedem unechten Bruch stecken Ganze, die wir wieder heraussetzen können. In obigen $\frac{11}{8}$ bilden $\frac{8}{8}$ ein Ganzes. Außerdem sind noch $\frac{3}{8}$ übrig. $\frac{11}{8} = 1\frac{3}{8}$; $\frac{49}{6} = \frac{48}{6}$ und $\frac{1}{6} = 8\frac{1}{6}$.

6. Aufgabe: Verwandle in gemischte Zahlen:

$$\frac{5}{2} = \qquad \frac{9}{4} = \qquad \frac{21}{4} = \qquad \frac{91}{15} = \qquad \frac{53}{8} = \qquad \frac{76}{15} = \qquad \frac{7}{4} = \qquad \frac{17}{8} = \qquad \frac{29}{7} =$$

Bei dieser 6. Aufgabe erinnere ich mich daran, daß ein Bruch ja weiter nichts ist als eine Teilungsaufgabe. $\frac{1468}{59}$ heißt auch $1468 : 59 =$

Sind die Zahlen für das Kopfrechnen zu groß, so löse ich in schriftlicher Form:

$1468 : 59 = 24$ Ergebnis: 24 Ganze und außerdem noch die übrigbleiben-

$\underline{118}$ den 52, die durch 59 geteilt $\frac{52}{59}$ ergeben; also $\frac{1468}{59} = 24\frac{52}{59}$. Löse

$\overline{288}$ schwierige Formen nach diesem Muster!

$\underline{236}$

$\overline{52}$

$3\frac{7}{8}$: Hier handelt es sich, wie bereits bekannt, um eine gemischte Zahl. Jede gemischte Zahl läßt sich in einen unechten Bruch verwandeln. (Aufgabe 5.)

Es gibt demnach echte Brüche, unechte Brüche und gemischte Zahlen.

2. Das Erweitern der gemeinen Brüche. $\frac{1}{2}$ DM sind 50 Pf; $\frac{5}{10}$ DM sind ebenfalls 50 Pf; denn $\frac{1}{10}$ DM oder 1 Groschen sind 10 Pf; folglich sind $\frac{5}{10}$ DM 5 mal 1 Groschen = 50 Pf. $\frac{1}{2}$ DM oder $\frac{5}{10}$ DM bezeichnen demnach dieselbe Menge; oder $\frac{1}{2}$ ist genau so groß wie $\frac{5}{10}$.

Hinsichtlich des Wertes ist kein Unterschied, nur die Zahlen sind im zweiten Bruch größer geworden; sie haben sich gleichsam geweitet. Aus dem Zähler $\frac{1}{}$ wurde eine $\frac{5}{}$, er ist also mit 5 malgenommen; denn $\frac{1}{} \times 5 = \frac{5}{}$. Aus dem Nenner $\frac{}{2}$ wurde eine $\frac{}{10}$, er ist also auch mit 5 malgenommen; denn $\frac{}{2} \times 5 = \frac{}{10}$. Wir sagen: Der Bruch ist erweitert worden.

Merke: Wir *erweitern* einen Bruch, indem wir Zähler und Nenner mit *derselben* Zahl malnehmen. Die Zahlen werden größer, aber der Wert bleibt unverändert.

1. Aufgabe: $\frac{4}{5}$ soll mit 7 erweitert werden. $\dfrac{4 \times 7}{5 \times 7} = \frac{28}{35}$.

Erweitere ebenso mit 7:

$$\frac{3}{11} = \frac{21}{77} \qquad \frac{2}{3} = \qquad \frac{7}{15} = \qquad \frac{8}{13} = \qquad \frac{3}{14} = \qquad \frac{3}{4} = \qquad \frac{5}{16} = \qquad \frac{11}{12} =$$

2. Aufgabe:

a) Mache $\frac{2}{3}$ zu $\frac{}{24}, \frac{}{36}, \frac{}{15}, \frac{}{21}, \frac{}{63}, \frac{}{243}, \frac{}{54}, \frac{}{156}, \frac{}{48}$.

Anmerkung: Ich stelle zunächst fest, mit welcher Zahl der Nenner erweitert wurde; mit der gefundenen Zahl nehme ich nun auch den Zähler mal. Zum Beispiel $\frac{2}{3}$ zu $\frac{}{198}$ machen! Aus $\frac{}{3}$ sind $\frac{}{198}$ geworden. Die 3 ist demnach mit 66 malgenommen (denn $3 \times 66 = 198$) oder erweitert worden. Nun nehme ich den Zähler auch mit 66 mal: $\dfrac{2 \times 66}{3 \times 66} = \frac{132}{198}$.

b) Mache $\frac{4}{7}$ zu $\frac{}{21}, \frac{}{63}, \frac{}{14}, \frac{}{84}, \frac{}{49}, \frac{}{56}, \frac{}{371}, \frac{}{91}, \frac{}{28}$.

c) Mache $\frac{5}{9}$ zu $\frac{}{27}, \frac{}{45}, \frac{}{108}, \frac{}{369}, \frac{}{81}, \frac{}{585}, \frac{}{506}, \frac{}{63}, \frac{}{144}$.

3. Aufgabe: Welche andern Brüche haben ebenfalls den Wert von:

a) $\frac{1}{2}$, b) $\frac{3}{5}$, c) $\frac{6}{7}$, d) $\frac{3}{10}$, e) $\frac{13}{15}$, f) $\frac{17}{25}$, g) $\frac{5}{8}$, h) $\frac{2}{9}$?

Anleitung: $\frac{2}{3} = \frac{4}{6} = \frac{6}{9} = \frac{16}{24} = \frac{18}{27} = \frac{20}{30} = \frac{48}{72}$ usw.

4. Aufgabe: Bilde nach Muster von *Aufgabe 3* noch viele selbstgewählte Aufgaben und übe bis zur vollständigen Sicherheit.

5. Aufgabe: Suche den passenden Nenner zu:

a) $\frac{4}{9} = \frac{72}{}, \frac{60}{}, \frac{112}{}, \frac{56}{}, \frac{8}{}, \frac{152}{}, \frac{236}{}, \frac{44}{}, \frac{160}{}$.

b) $\frac{11}{12} = \frac{44}{}, \frac{22}{}, \frac{99}{}, \frac{66}{}, \frac{110}{}, \frac{33}{}, \frac{88}{}, \frac{55}{}, \frac{121}{}$.

3. Das Kürzen der gemeinen Brüche. Wenn ich aus $\frac{2}{3}$ den Bruch $\frac{24}{36}$ mache, so handelt es sich nach Abschn. 2 um eine Erweiterung. Statt $\frac{24}{36}$ kann ich selbstverständlich wieder $\frac{2}{3}$ sagen. Diesmal sind die Zahlen des zweiten Bruches gegen die des ersten Bruches kleiner oder kürzer geworden, ohne daß der Wert des Bruches verändert wurde. Das nennt man das Kürzen der Brüche.

Merke: Ich *kürze* einen Bruch, indem ich Zähler und Nenner durch *dieselbe* Zahl teile. Die Zahlen werden kleiner, aber der Wert des Bruches bleibt derselbe.

In dem Beispiel $\frac{24}{36}$ kann ich sowohl Zähler als auch Nenner durch 2 teilen (kürzen), also $\dfrac{24:2}{36:2} = \frac{12}{18}$; $\frac{12}{18}$ kann ich nochmals durch 2 kürzen: $\frac{12}{18} = \frac{6}{9}$. $\frac{6}{9}$ kann ich durch 3 kürzen: $\frac{6}{9} = \frac{2}{3}$; $\frac{2}{3}$ ist nun nicht mehr zu kürzen.

Die Kürzung setze ich also so lange fort, bis Zahlen entstehen, die nicht mehr kürzbar sind. Geübte Rechner finden gleich die größeren und größten Zahlen, durch die man kürzen kann. Sie würden z. B. gleich sehen, daß $\frac{24}{36}$ durch 12 kürzbar ist; denn $\frac{24:12}{36:12} = \frac{2}{3}$. Das Schlußergebnis ist jedoch immer dasselbe.

Aufgabe: Kürze:

$$\frac{4}{10} = \frac{2}{5} \qquad \frac{9}{15} = \qquad \frac{16}{52} = \qquad \frac{144}{362} = \qquad \frac{52}{904} = \qquad \frac{24}{30} = \qquad \frac{15}{12} = \qquad \frac{18}{20} =$$

$$\frac{6}{8} = \frac{3}{4} \qquad \frac{16}{32} = \qquad \frac{6}{14} = \qquad \frac{268}{720} = \qquad \frac{360}{728} = \qquad \frac{21}{27} = \qquad \frac{30}{48} = \qquad \frac{64}{244} =$$

Bilde noch zahlreiche selbstgewählte Aufgaben zur Übung des Kürzens! Sehr wichtig, z. B. für die Berechnung von Zahnradübersetzungen.

Beim Kürzen kommt es darauf an, sofort zu erkennen, ob Zahlen überhaupt kürzbar (teilbar) sind. Ferner muß ich auch die Zahlen schnell erkennen können, durch die ich kürzen (teilen) kann. Darum etwas von der

Teilbarkeit der Zahlen. Viele Zahlen sind nicht teilbar: man nennt sie Primzahlen. (Von Primus, d. h. „erster", weil sie sich nur durch die „Eins" teilen lassen.) Primzahlen sind z. B. 1, 2, 3, 5, 7, 11, 13, 17, 19 usw. Suche die Primzahlen zwischen 1—100 auf.

Durch 2 lassen sich alle Zahlen teilen, deren letzte Stelle durch 2 teilbar ist (alle geraden Zahlen!): 8, 392, 756 872, 36 976, 1 675 924.

Durch 4 lassen sich alle Zahlen teilen, deren beide letzte Stellen durch 4 teilbar sind: 72, 3848, 15 796, 35 928, 13 764.

Durch 8 lassen sich alle Zahlen teilen, deren drei letzte Stellen durch 8 teilbar sind: 728, 135 328, 764 984, 1 794 592.

Durch 5 lassen sich alle Zahlen teilen, die am Ende eine 0 oder 5 haben: 15, 30, 1435, 26 380, 46 935.

Durch 10 lassen sich alle Zahlen teilen, die am Ende wenigstens eine Null haben: 50, 7320, 168 400, 26 538 000.

Durch 3 lassen sich alle Zahlen teilen, wenn ihre Quersumme durch 3 teilbar ist, z. B. 27615. Ich bilde die Quersumme, indem ich die Ziffern der Reihe nach zusammenzähle, also $2 + 7 + 6 + 1 + 5 = 21$. 21 ist durch 3 teilbar, demnach auch die ganze Zahl 27615. Ähnlich 31 752, 8 379 141, 2 157 069, 7290.

Durch 6 sind alle geraden Zahlen, deren Quersumme durch 3 teilbar ist, zu teilen. 295 782 ist eine gerade Zahl und hat als Quersumme:

$$2 + 9 + 5 + 7 + 8 + 2 = 33.$$

Ähnlich 14 796, 4 109 652, 4 729 074.

Durch 9 lassen sich alle Zahlen teilen, deren Quersumme durch 9 teilbar ist: 295 767, 1 875 294, 8766, 49 275.

Durch 25 lassen sich alle Zahlen teilen, die am Ende 00 oder 25 oder 50 oder 75 haben: 3925, 42 750, 83 275, 4900.

Aufgabe: Durch welche Zahlen kann ich kürzen (teilen):

a) 27 486 975: Durch 3, denn die Quersumme ist 48. Durch 5, denn die Zahl endet mit 5. Durch 25, denn die beiden letzten Stellen heißen 75.

b) 3 296 826: Durch 2, denn es ist eine gerade Zahl. Durch 3, denn die Quersumme heißt 36. Durch 6, denn es ist eine gerade Zahl, die als Quersumme 36 hat. Durch 9, denn die Quersumme ist durch 9 teilbar.

c) 274 864; d) 3 568 236; e) 1 879 250.

4. Das Malnehmen oder die Multiplikation der gemeinen Brüche.

$7 \times 9 = 63$ ist eine Multiplikationsaufgabe. Die 7 und die 9, also die Zahlen, die miteinander malgenommen (multipliziert) werden sollen, heißen Vervielfältigungszahlen oder Faktoren. Das Ergebnis 63 heißt Produkt. Merke die Ausdrücke: *Multiplikation, multiplizieren, Faktoren, Produkt.*

$\frac{3}{4} \times 6 =$. In dieser Form wurde die Multiplikationsaufgabe in der Schule geschrieben. Man kann auch statt des „$\times$" einen „$\cdot$" setzen. Das ist vorteilhafter. Wir werden es von nun ab stets tun.

Also $\frac{3}{4} \cdot 6 = \frac{3 \cdot 6}{4} = \frac{18}{4}$ gekürzt $\frac{9}{2} = 4\frac{1}{2}$; $\quad \frac{7}{9} \cdot 8 = \frac{7 \cdot 8}{9} = \frac{56}{9} = 6\frac{2}{9}$:

$\frac{1}{2} \cdot 5 = \frac{1 \cdot 5}{2} = \frac{5}{2} = 2\frac{1}{2}$; $\quad \frac{7}{8} \cdot 4 = \frac{7 \cdot 4}{8} = \frac{28}{8}$ gekürzt $\frac{7}{2} = 3\frac{1}{2}$.

Merke: Ich multipliziere einen Bruch mit einer ganzen Zahl, indem ich den *Zähler* mit der Zahl malnehme.

Die ganze Zahl tritt über den Bruchstrich, z. B. $\frac{7}{9} \cdot 5 = \frac{7 \cdot 5}{9}$. Ehe ich die Rechnung ausführe, sehe ich zu, ob ich kürzen kann. In vorstehender Aufgabe $\frac{7 \cdot 5}{9}$ ist ein Kürzen nicht möglich. Folglich $\frac{7 \cdot 5}{9} = \frac{35}{9} = 3\frac{8}{9}$.

$\frac{9}{16} \cdot 12 = \frac{9 \cdot 12}{16} =$. Diesmal ist ein Kürzen möglich. Das führe ich sofort aus, ehe ich 9 mit 12 malnehme. Das hat den Vorteil, daß ich kleinere Zahlen erhalte. $\frac{9 \cdot 12}{16} =$ gekürzt $\frac{9 \cdot 3}{4} = \frac{27}{4} = 6\frac{3}{4}$; oder $\frac{13}{15} \cdot 10 = \frac{13 \cdot 10}{15} =$ gekürzt $\frac{13 \cdot 2}{3} = \frac{26}{3} = 8\frac{2}{3}$.

1. Aufgabe: Multipliziere nach vorstehenden Mustern:

$$\frac{2}{9} \cdot 12 = \qquad \frac{13}{15} \cdot 8 = \qquad \frac{7}{9} \cdot 18 = \qquad \frac{17}{18} \cdot 7 = \qquad 6 \cdot \frac{8}{9} =$$
$$\frac{7}{8} \cdot 7 = \qquad \frac{9}{10} \cdot 12 = \qquad \frac{4}{7} \cdot 14 = \qquad 9 \cdot \frac{4}{5} = \qquad 7 \cdot \frac{13}{18} =$$

$5\frac{3}{5} \cdot 9 =$. Zunächst nehme ich $5 \cdot 9 = 45$; dann $\frac{3}{5} \cdot 9 = \frac{3 \cdot 9}{5} = \frac{27}{5} = 5\frac{2}{5}$. Nun zähle ich beide Ergebnisse zusammen: $45 + 5\frac{2}{5} = 50\frac{2}{5}$.

$3 \cdot 6\frac{4}{7} =$. $3 \cdot 6 = 18$; $3 \cdot \frac{4}{7} = \frac{12}{7} = 1\frac{5}{7}$; $18 + 1\frac{5}{7} = 19\frac{5}{7}$.

2. Aufgabe: Multipliziere nach vorstehendem Muster:

$$5\frac{1}{2} \cdot 5 = \qquad 9\frac{5}{7} \cdot 7 = \qquad 1\frac{17}{18} \cdot 7 = \qquad 26\frac{3}{4} \cdot 5 = \qquad 4 \cdot 2\frac{11}{12} =$$
$$7\frac{2}{3} \cdot 9 = \qquad 2\frac{2}{7} \cdot 12 = \qquad 15\frac{1}{2} \cdot 2 = \qquad 6 \cdot 3\frac{3}{5} = \qquad 9 \cdot 7\frac{13}{15} =$$

$\frac{3}{4} \cdot \frac{3}{5} = \frac{3 \cdot 3}{4 \cdot 5} = \frac{9}{20}$; $\frac{3}{4} \cdot \frac{2}{5} = \frac{3 \cdot 2}{4 \cdot 5} =$ gekürzt $\frac{3 \cdot 1}{2 \cdot 5} = \frac{3}{10}$.

$\frac{9}{16} \cdot \frac{4}{15} = \frac{9 \cdot 4}{16 \cdot 15}$ gekürzt (4 gegen 16 und 9 gegen 15) $= \frac{3 \cdot 1}{4 \cdot 5} = \frac{3}{20}$.

Merke: Bruch wird mit Bruch malgenommen, indem man Zähler mal Zähler und Nenner mal Nenner nimmt. Versäume das rechtzeitige Kürzen nicht!

3. Aufgabe: Multipliziere (Muster vorstehend!):

$$\frac{7}{9} \cdot \frac{3}{4} = \quad \frac{4}{9} \cdot \frac{7}{12} = \quad \frac{9}{10} \cdot \frac{4}{5} = \quad \frac{9}{10} \cdot \frac{5}{6} = \quad \frac{36}{41} \cdot \frac{2}{27} = \quad \frac{5}{6} \cdot \frac{4}{7} = \quad \frac{11}{12} \cdot \frac{5}{7} = \quad \frac{44}{51} \cdot \frac{17}{21} =$$

Beachte noch folgende Fälle:

a) $\frac{4}{9} \cdot \frac{3}{4} = \frac{4 \cdot 3}{9 \cdot 4}$ gekürzt (4 gegen 4 und 3 gegen 9) $= \frac{1 \cdot 1}{3 \cdot 1} = \frac{1}{3}$;

b) $\frac{4}{9} \cdot \frac{45}{4} = \frac{4 \cdot 45}{9 \cdot 4} = \frac{1 \cdot 5}{1 \cdot 1} = \frac{5}{1} = 5$;   c) $2\frac{1}{2} \cdot \frac{4}{5} = \frac{5}{2} \cdot \frac{4}{5} = \frac{5 \cdot 4}{2 \cdot 5} = \frac{1 \cdot 2}{1 \cdot 1} = 2$;

d) $4\frac{1}{6} \cdot 3\frac{2}{3} = \frac{25}{6} \cdot \frac{11}{3} = \frac{25 \cdot 11}{6 \cdot 3} = \frac{275}{18} = 15\frac{5}{18}$.

Merke: Gemischte Zahlen verwandle ich vorher in unechte Brüche.

4. Aufgabe: Multipliziere nach vorstehenden Mustern:

$$4\frac{1}{2} \cdot \frac{4}{5} = \qquad 5\frac{2}{3} \cdot \frac{4}{7} = \qquad \frac{4}{15} \cdot 1\frac{3}{4} = \qquad 2\frac{5}{6} \cdot 3\frac{1}{3} = \qquad 2\frac{3}{4} \cdot \frac{1}{2} = \qquad \frac{5}{9} \cdot 4\frac{1}{3} =$$
$$\frac{6}{7} \cdot 5\frac{1}{2} = \qquad 8\frac{2}{7} \cdot 12\frac{3}{4} = \qquad 1\frac{5}{6} \cdot \frac{3}{8} = \qquad \frac{3}{5} \cdot 2\frac{1}{6} = \qquad 3\frac{1}{2} \cdot 4\frac{2}{3} = \qquad \frac{3}{8} \cdot 18\frac{1}{2} =$$

5. Das Teilen oder die Division der gemeinen Brüche. $63 : 7 = 9$ ist eine Teilungsaufgabe. 63 soll geteilt werden: sie ist die *zu teilende Zahl* oder der *Dividendus*. Die 7 führt die Teilung aus: sie ist der *Teiler* oder *Divisor*. Der Dividendus

ist immer die Zahl, die die Teilung erleiden muß, der Teiler die Zahl, die die Teilung
ausführt. In obiger Aufgabe steht die zu teilende Zahl vorn, der Teiler hinten.

Merke: In den Teilungsaufgaben (:) steht der *Teiler* stets *hinten*.

Das Ergebnis einer Teilungsaufgabe heißt *Quotient*.

$\frac{1}{2} : 3 =$. Wenn ich einen halben Apfel in drei Teile teile, so erhalte ich $\frac{1}{6}$ Apfel.
Also $\frac{1}{2} : 3 = \frac{1}{6}$, oder der Teiler 3 wandert unter den Bruchstrich und wird da zum
Faktor; d. h. der Nenner wird mit ihm malgenommen, also $\frac{1}{2} : 3 = \frac{1}{2 \cdot 3} = \frac{1}{6}$.

Merke: Einen Bruch *teile* ich durch eine ganze Zahl, indem ich den Nenner
mit der ganzen Zahl *malnehme*. Ich kürze, wenn es möglich ist.

1. Aufgabe: Löse nach beistehendem Muster:

$$\frac{1}{5} : 6 = \frac{1}{5 \cdot 6} = \frac{1}{30}; \quad \frac{6}{11} : 3 = \frac{6}{11 \cdot 3} \text{ gekürzt } \frac{2}{11 \cdot 1} = \frac{2}{11}; \quad \frac{8}{15} : 2 = \frac{8}{15 \cdot 2} = \frac{4}{15 \cdot 1} = \frac{4}{15};$$

Das Kürzen nehme ich also vor dem Malnehmen vor, weil dadurch die Zahlen
kleiner werden. Die Rechenarbeit wird dann erleichtert.

$$\frac{4}{9} : 4 = \qquad \frac{2}{3} : 7 = \qquad \frac{7}{8} : 2 = \qquad \frac{11}{12} : 2 = \qquad \frac{12}{13} : 10 = \qquad \frac{2}{7} : 3 = \qquad \frac{7}{13} : 5 =$$

$$\frac{9}{10} : 8 = \qquad \frac{3}{14} : 7 = \qquad \frac{9}{25} : 5 = \qquad \frac{6}{7} : 4 = \qquad \frac{18}{25} : 6 = \qquad \frac{3}{4} : 6 = \qquad \frac{11}{15} : 4 =$$

2. Aufgabe: $26\frac{3}{5} : 6 =$. Zunächst teile ich die 26 Ganzen, $26 : 6 = 4$ Ganze.
Die übrigbleibenden 2 Ganzen mache ich zu $\frac{}{5}$, also 2 Ganze $= \frac{10}{5}$; dazu kommen
weitere $\frac{3}{5}$; also sind es zusammen $\frac{13}{5}$. Diese habe ich noch durch 6 zu teilen.

$\frac{13}{5} : 6 = \frac{13}{5 \cdot 6} = \frac{13}{30}$. Ergebnis 4 Ganze $+ \frac{13}{30} = 4\frac{13}{30}$.

Löse nach diesem Muster:

$$5\frac{2}{3} : 6 = \frac{17}{18} \qquad 125\frac{8}{9} : 12 = \qquad 15\frac{7}{8} : 5 = \qquad 924\frac{5}{6} : 8 = \qquad 32\frac{4}{15} : 3 = \qquad 216\frac{4}{9} : 8 =$$

$$9\frac{1}{2} : 4 = 2\frac{3}{8} \qquad 38\frac{3}{4} : 15 = \qquad 65\frac{2}{9} : 7 = \qquad 15\frac{3}{10} : 6 = \qquad 246\frac{11}{12} : 4 = \qquad 62\frac{17}{20} : 5 =$$

3. Aufgabe: $\frac{2}{3} : \frac{4}{5} =$. Die $\frac{2}{3}$ teile ich zunächst durch 4; also $\frac{2}{3} : 4 = \frac{2}{12}$. Nun soll
ich aber gar nicht durch 4 teilen, sondern durch $\frac{4}{5}$. Der wirkliche Teiler ist also
5mal kleiner als der bisher angenommene Teiler 4. Ist aber ein Teiler 5mal so
klein, so wird das Ergebnis 5mal so groß. Das wird erläutert durch folgendes
Beispiel: Wird eine Erbschaft von 10000 DM unter 10 Kinder verteilt, so erhält
jedes Kind 1000 DM. Werden die 10000 DM aber unter 2 Kinder verteilt (ist der
Teiler also 5mal so klein!), so erhält jedes Kind 5000 DM (also 5mal so viel!).

Selbstverständlich gilt auch das Umgekehrte: Ist der Teiler 5mal so groß, so
wird das Ergebnis 5mal so klein.

Kehren wir zur Aufgabe zurück! $\frac{2}{3} : 4$ war $\frac{2}{12}$. Nun ist mein Teiler aber 5mal
so klein; das Ergebnis muß also 5mal so groß werden. Das Ergebnis heißt dem-
nach nicht $\frac{2}{12}$, sondern $\frac{2}{12} \cdot 5 = \frac{2 \cdot 5}{12} = \frac{10}{12} = \frac{5}{6}$.

Fassen wir zusammen: Erst habe ich durch 4 geteilt; die 4 wanderte unter
den Bruchstrich. Dann habe ich mit 5 malgenommen; die 5 wanderte über den
Bruchstrich. Nun sieht die Rechnung so aus: $\frac{2}{3} : \frac{4}{5} = \frac{2 \cdot 5}{3 \cdot 4}$.

Aus der Teilungsaufgabe ist also eine Multiplikationsaufgabe geworden; jedoch
erscheint der Teiler $\frac{4}{5}$ in umgekehrter Form, also als $\frac{5}{4}$.

Merke: Wir *teilen* durch einen Bruch, indem wir den Teiler (Divisor) *um-
drehen* und dann damit *malnehmen*.

$$\frac{3}{5} : \frac{5}{6} = \frac{3}{5} \cdot \frac{6}{5} = \frac{3 \cdot 6}{5 \cdot 5} = \frac{18}{25}; \quad \frac{4}{7} : \frac{5}{9} = \frac{4}{7} \cdot \frac{9}{5} = \frac{4 \cdot 9}{7 \cdot 5} = \frac{36}{35} = 1\frac{1}{35};$$

$$\frac{15}{22} : \frac{9}{24} = \frac{15}{22} \cdot \frac{24}{9} = \frac{15 \cdot 24}{22 \cdot 9} \text{ gekürzt } \frac{5 \cdot 4}{11 \cdot 1} = \frac{20}{11} = 1\frac{9}{11}.$$

Löse nach diesen Mustern folgende Aufgaben:

$\frac{4}{7} : \frac{1}{2} =$ $\quad$ $\frac{7}{10} : \frac{4}{7} =$ $\quad$ $\frac{5}{6} : \frac{5}{8} =$ $\quad$ $\frac{13}{15} : \frac{3}{4} =$ $\quad$ $\frac{16}{35} : \frac{10}{21} =$ $\quad$ $\frac{3}{8} : \frac{2}{3} =$ $\quad$ $\frac{4}{9} : \frac{5}{6} =$ $\quad$ $\frac{3}{10} : \frac{3}{4} =$

Kommen gemischte Zahlen vor, so verwandeln wir sie zunächst in unechte Brüche und rechnen dann nach den Regeln von Aufgabe 3.

4. Aufgabe: Löse nach beistehenden Mustern:

$$2\tfrac{1}{2} : \tfrac{3}{4} = \tfrac{5}{2} : \tfrac{3}{4} = \tfrac{5}{2} \cdot \tfrac{4}{3} = \frac{5 \cdot 4}{2 \cdot 3} \text{ gekürzt } \frac{5 \cdot 2}{1 \cdot 3} = \tfrac{10}{3} = 3\tfrac{1}{3}.$$

$$9\tfrac{3}{4} : 2\tfrac{2}{3} = \tfrac{39}{4} : \tfrac{8}{3} = \tfrac{39}{4} \cdot \tfrac{3}{8} = \frac{39 \cdot 3}{4 \cdot 8} = \tfrac{117}{32} = 3\tfrac{21}{32}.$$

$3\tfrac{3}{5} : \tfrac{4}{9} =$ $\quad$ $2\tfrac{4}{7} : 5\tfrac{1}{2} =$ $\quad$ $3\tfrac{7}{12} : 2\tfrac{4}{7} =$ $\quad$ $12\tfrac{1}{2} : 2\tfrac{4}{5} =$ $\quad$ $4\tfrac{5}{6} : 2\tfrac{1}{3} =$ $\quad$ $5\tfrac{7}{10} : 3\tfrac{7}{8} =$

Die bei *Aufgabe 3* genannte Hauptregel ist für alle Fälle anzuwenden, auch für die Zahlen aus *Aufgabe 2*. Denn die Ganzen kann ich mir auch als Bruch denken, indem ich sie zu „Einteln" mache, z. B. 6 Ganze $= \tfrac{6}{1}$; 15 Ganze $= \tfrac{15}{1}$. Also: $\tfrac{3}{4} : 5 = \tfrac{3}{4} : \tfrac{5}{1}$; nun drehe ich den Teiler um: $\tfrac{3}{4} \cdot \tfrac{1}{5} = \frac{3 \cdot 1}{4 \cdot 5} = \tfrac{3}{20}$.

$$7 : \tfrac{5}{6} = \tfrac{7}{1} : \tfrac{5}{6} = \tfrac{7}{1} \cdot \tfrac{6}{5} = \frac{7 \cdot 6}{1 \cdot 5} = \tfrac{42}{5} = 8\tfrac{2}{5}; \quad 8 : 2\tfrac{1}{2} = \tfrac{8}{1} : \tfrac{5}{2} = \tfrac{8}{1} \cdot \tfrac{2}{5} = \frac{8 \cdot 2}{1 \cdot 5} = \tfrac{16}{5} = 3\tfrac{1}{5}.$$

Achte jedoch darauf, daß stets nur der *Teiler*, also der *hinten* stehende Bruch, umgedreht werden darf.

5. Aufgabe: Löse nach obigem Muster:

$8 : \tfrac{3}{8} =$ $\quad$ $12 : \tfrac{3}{4} =$ $\quad$ $7 : 8\tfrac{1}{5} =$ $\quad$ $9 : 2\tfrac{4}{5} =$ $\quad$ $6 : 4\tfrac{2}{3} =$ $\quad$ $8 : 1\tfrac{5}{9} =$

$7 : \tfrac{7}{10} =$ $\quad$ $5 : \tfrac{5}{6} =$ $\quad$ $5 : 2\tfrac{5}{6} =$ $\quad$ $2\tfrac{1}{2} : 8 =$ $\quad$ $4 : 6\tfrac{3}{7} =$ $\quad$ $7 : 3\tfrac{1}{2} =$

B. Bruchrechnung: Dezimalbrüche

6. Allgemeines von den Dezimalbrüchen. 0,5; 0,0392; 4,463 sind Dezimalbrüche. Sie unterscheiden sich vom gemeinen Bruch in folgenden drei Dingen:

a) Als Nenner treten nur Zehntel, Hundertstel, Tausendstel, Zehntausendstel usw. auf, während beim gemeinen Bruch jede Zahl Nenner sein kann.

$0,4$ heißt $\tfrac{4}{10}$; $\quad$ $0,04$ heißt $\tfrac{4}{100}$; $\quad$ $0,004$ heißt $\tfrac{4}{1000}$;

$0,0004$,, $\tfrac{4}{10\,000}$; $\quad$ $0,00004$,, $\tfrac{4}{100\,000}$; $\quad$ $0,000004$,, $\tfrac{4}{1\,000\,000}$.

b) Der Nenner wird nicht mitgeschrieben; er ist jedoch aus der Stellenzahl nach dem Komma erkenntlich:

1 Stelle $\quad$ nach dem Komma stehen die $\tfrac{}{10}$ $\quad$ $(0,7 = \tfrac{7}{10})$

2 Stellen ,, $\quad$,, $\quad$,, $\quad$,, $\quad$,, $\tfrac{}{100}$ $\quad$ $(0,45 = \tfrac{45}{100})$

3 Stellen ,, $\quad$,, $\quad$,, $\quad$,, $\quad$,, $\tfrac{}{1000}$ $\quad$ $(0,928 = \tfrac{928}{1000})$

4 Stellen ,, $\quad$,, $\quad$,, $\quad$,, $\quad$,, $\tfrac{}{10\,000}$ usw.

c) Dezimalbrüche werden mit Komma und nicht mit Bruchstrich geschrieben. Vor dem Komma stehen die Ganzen. Nach dem Komma steht der Zähler. Der Nenner ist aus der Stellenzahl ersichtlich.

$0,09$ lies $\tfrac{9}{100}$; $\quad$ $3,5$ lies $3\tfrac{5}{10}$; $\quad$ $4,008$ lies $4\tfrac{8}{1000}$; $\quad$ $26,0934$ lies $26\tfrac{934}{10\,000}$.

1. Aufgabe: Lies nach vorstehendem Muster:

$0,75$ $\quad$ $0,7$ $\quad$ $7,2$ $\quad$ $10,09$ $\quad$ $8,064$ $\quad$ $14,035$ $\quad$ $12,5$ $\quad$ $76,43$

Wollen wir $\tfrac{7}{10}$ als Dezimalbruch schreiben, so erinnern wir uns daran, daß die $\tfrac{}{10}$ 1 Stelle nach dem Komma haben. Ich schreibe vor das Komma, da keine Ganzen vorhanden sind, eine Null. Also:

$$\tfrac{7}{10} = 0,7; \quad 324\tfrac{3}{10} = 324,3; \quad 7\tfrac{5}{10} = 7,5; \quad 489\tfrac{1}{10} = 489,1.$$

Soll ich $\tfrac{79}{1000}$ als Dezimalbruch schreiben, so müssen nach dem Komma drei Stellen vorhanden sein. Da der Zähler 79 erst 2 Stellen aufweist, so müssen wir eine Null dazu setzen; jedoch nicht dahinter, denn dann würde die Zahl nicht mehr 79, sondern 790 heißen. Die Null muß davor gesetzt werden; denn dann bleibt es 79. Also 079. Da keine Ganzen vorhanden sind, steht vor dem Komma eine Null. $\frac{79}{1000} = 0{,}079$; $7\frac{8}{1000} = 7{,}008$ (nicht aber 7,800!); $35\frac{47}{100\,000} = 35{,}00047$ (denn $\frac{}{100\,000}$ haben 5 Stellen nach dem Komma, schreibe jedoch nicht 35,47000!).

2. Aufgabe: Schreibe als Dezimalbruch:

$\frac{16}{100} =$ $\quad \frac{3}{10} =$ $\quad 3\frac{3}{10} =$ $\quad 256\frac{5}{10} =$ $\quad 4\frac{375}{10\,000} =$ $\quad 9\frac{25}{1000} =$ $\quad 9\frac{64}{10\,000} =$

$\frac{16}{1000} =$ $\quad \frac{3}{10\,000} =$ $\quad 3\frac{3}{100} =$ $\quad 84\frac{61}{100} =$ $\quad 26\frac{18}{100} =$ $\quad \frac{75}{1000} =$ $\quad 12\frac{26}{1000} =$

7. Das Erweitern der Dezimalbrüche. 0,7 heißt $\frac{7}{10}$. Wenn ich $\frac{7}{10}$ auf $\frac{}{100}$ erweitere, so erhalte ich $\frac{70}{100}$. Ich kann $\frac{70}{100}$ wieder als Dezimalbruch schreiben: $\frac{70}{100} = 0{,}70$. Soll ich also 0,7 auf Hundertstel erweitern, so brauche ich bloß eine Null anzuhängen. Hätte ich auf Tausendstel erweitern sollen, so hätte ich 2 Nullen anhängen müssen, usw.

Merke: Einen Dezimalbruch erweitere ich, indem ich so viel Nullen anhänge, wie der neue Nenner erfordert.

0,8 sind auf $\frac{}{10\,000}$ zu erweitern. Der Nenner $\frac{}{10\,000}$ erfordert 4 Stellen nach dem Komma, da in dem Bruche 0,8 erst 1 Stelle vorhanden ist, muß ich 3 Nullen anhängen. Also 0,8 = 0,8000. 24,48 sollen auf $\frac{}{100\,000}$ erweitert werden. Der neue Nenner $\frac{}{100\,000}$ erfordert nach dem Komma 5 Stellen. In dem Bruche 24,48 sind erst 2 Stellen nach dem Komma vorhanden, folglich muß ich noch 3 Nullen anhängen: 24,48 = 24,48000.

Kurz: 7,05 zu $\frac{}{10\,000}$ erweitert =   7,0500,
     26,004 „ $\frac{}{1\,000\,000}$ „   = 26,004000.

Aufgabe: Erweitere nach vorstehendem Muster:

0,45 zu $\frac{}{1000}$ 1,5 zu $\frac{}{100}$ 5 zu $\frac{}{10}$ 4,81 zu $\frac{}{10\,000}$ 12 zu $\frac{}{100}$
7,4   „ $\frac{}{1000}$ 26,8 „ $\frac{}{1000}$ 8 „ $\frac{}{1000}$ 69,1   „ $\frac{}{1000}$ 86 „ $\frac{}{10}$

8. Das Kürzen der Dezimalbrüche. 0,090 heißt $\frac{90}{1000}$. Diesen gemeinen Bruch $\frac{90}{1000}$ kann ich durch 10 kürzen. $\frac{90}{1000} = \frac{9}{100}$; $\frac{9}{100}$ als Dezimalbruch geschrieben = 0,09. Um 0,090 zu kürzen, brauchte ich also am Ende nur die Null fortzustreichen.

Merke: Ich *kürze* einen Dezimalbruch, indem ich die Nullen am Ende gänzlich oder teilweise fortstreiche. Dezimalbrüche ohne Nullen am Ende sind *nicht* zu kürzen.

Die Kürzung brauche ich nicht immer vollständig durchzuführen, d. h. bis zum Fortstreichen sämtlicher Nullen, z. B. 0,900 heißt $\frac{900}{1000}$; gekürzt $\frac{9}{10} = 0{,}9$. $\frac{900}{1000}$ brauche ich aber auch nur durch 10 zu kürzen: $\frac{90}{100} = 0{,}90$.

Oder 3,72500 heißt $3\frac{72\,500}{100\,000}$. Ich kann durch 10 kürzen: $3\frac{7250}{10\,000} = 3{,}7250$. Ich kann durch 100 kürzen: $3\frac{725}{1000} = 3{,}725$.

Merke: Ich kürze durch 10, indem ich eine Null am Ende wegstreiche, durch 100, indem ich 2 Nullen am Ende wegstreiche, durch 1000, indem ich 3 Nullen am Ende wegstreiche, durch 10000, indem ich 4 Nullen am Ende wegstreiche, usw.

1. Aufgabe: Kürze durch 10:

  0,320   0,050   0,090   12,60   9,2000   3,7200   16,400   2,0600
Kürze durch 100:
  4,2300   18,600   7,0800   15,36000   0,9100   4,2000   0,2100
Kürze durch 1000:
  0,21000   9,52000   14,20000   21,631000   6,31000   0,37000   2,408000
2. Aufgabe: Kürze vollständig!
  3,720   0,216000   15,050   25,600100   9,10800   5,72000   1,30000

9. Das Gleichnamigmachen der Dezimalbrüche. Diese Arbeit an Dezimalbrüchen ist äußerst einfach!

a) 0,25 und 0,178 sollen gleichnamig werden. Die Nenner sind also $\frac{}{100}$ und $\frac{}{1000}$. Der Hauptnenner heißt demnach $\frac{}{1000}$.

$$\frac{25}{100} = \frac{250}{1000} \text{ und } \frac{78}{1000} = \frac{178}{1000}; \text{ also } = 0,250 \text{ und } 0,178.$$

Die erweiterten Brüche haben nun beide je drei Stellen nach dem Komma.

b) 0,076 und 3,92064. Hauptnenner $\frac{}{100\,000}$. Folglich muß ich die $\frac{76}{1000}$ auch zu $\frac{}{100\,000}$ machen, das sind $\frac{7600}{100\,000} = 0,07600$.

Beide Brüche haben nun je 5 Stellen nach dem Komma.

Merke: Ich mache Dezimalbrüche gleichnamig, indem ich ihnen nach dem Komma gleiche Stellenzahl gebe.

Aufgabe: Mache gleichnamig:

3,09 und 0,4   1,693 und 1,9   46,26 und 0,6   2,63 und 4,2387

10. Das Verwandeln von gemeinen Brüchen in Dezimalbrüche und umgekehrt.
$\frac{1}{2}$ kann ich zu $\frac{}{10}$ machen, $= \frac{5}{10}$; als Dezimalbruch $= 0,5$. $\frac{1}{4}$ kann ich zwar nicht zu $\frac{}{10}$, wohl aber zu $\frac{}{100}$ machen: $\frac{1}{4} = \frac{25}{100}$ oder $0,25$; $\frac{3}{4}$ sind demnach $0,75$; $\frac{1}{8} = \frac{125}{1000} = 0,125$ usw. Lerne auswendig:

$$\frac{1}{2} = 0,5 \qquad \frac{2}{5} = 0,4 \qquad \frac{3}{8} = 0,375 \qquad \frac{3}{20} = 0,15 \qquad \frac{3}{25} = 0,12$$
$$\frac{1}{4} = 0,25 \qquad \frac{3}{5} = 0,6 \qquad \frac{5}{8} = 0,625 \qquad \frac{7}{20} = 0,35 \qquad \frac{1}{50} = 0,02$$
$$\frac{3}{4} = 0,75 \qquad \frac{4}{5} = 0,8 \qquad \frac{7}{8} = 0,875 \qquad \frac{1}{25} = 0,04 \qquad \frac{3}{50} = 0,06$$
$$\frac{1}{5} = 0,2 \qquad \frac{1}{8} = 0,125 \qquad \frac{1}{20} = 0,05 \qquad \frac{2}{25} = 0,08 \qquad \frac{9}{50} = 0,18$$

$\frac{1}{3}$ kann ich weder zu $\frac{}{10}$, noch zu $\frac{}{100}$, $\frac{}{1000}$, usw. machen. Dennoch kann aus ihm ein Dezimalbruch werden. $\frac{1}{3}$ heißt auch noch, wie uns Seite 3 gelehrt hat, $1:3$ (lies 1 geteilt durch 3!). Diese Teilung führen wir durch:

$1:3 = 0,33 \ldots$ 1 Ganzes durch 3 ergibt 0 Ganze. Diese treten vor das
0   Komma. Es bleibt ein Rest. Wir holen eine Null herunter.
$\overline{10}$ In bekannter Weise geht dann die Teilung weiter.
 9
$\overline{10}$ usf.

Merke: Ich verwandle gemeine Brüche in Dezimalbrüche, indem ich den Zähler zur zu teilenden Zahl und den Nenner zum Teiler mache. Dann führe ich die Teilung wie mit ganzen Zahlen aus. Zu beachten ist die Stellung des Kommas.

2. Beispiel: Mache $\frac{4}{7}$ zum Dezimalbruch:	3. Beispiel: Mache $7\frac{7}{12}$ zum Dezimalbruch:	4. Beispiel: Schreibe $\frac{2}{39}$ als Dezimalbruch:
$4:7 = 0,5714 \ldots$	$7:12 = 0,5833 \ldots$	$2:39 = 0,0512 \ldots$
0	0	0
$\overline{40}$	$\overline{70}$	$\overline{20}$
35	60	0
$\overline{50}$	$\overline{100}$	$\overline{200}$
49	96	195
$\overline{10}$	$\overline{40}$	$\overline{50}$
7	36	39
$\overline{30}$	$\overline{40}$	$\overline{110}$
28	36	78
$\overline{\text{usw.}}$	$\overline{\text{Dazu die 7 Ganzen.}}$	$\overline{32}$
	Ergebnis 7,5833.	Nach dem Komma die 0 nicht vergessen!

1. Aufgabe: Verwandle in Dezimalbrüche:

$$\frac{5}{9};\quad \frac{2}{3};\quad \frac{5}{7};\quad \frac{19}{45};\quad \frac{361}{627};\quad \frac{38}{73};\quad 6\frac{4}{11};\quad 82\frac{7}{13};\quad 25\frac{3}{8};\quad \frac{5}{6}.$$

Das Verwandeln von Dezimalbrüchen in gemeine Brüche bietet keine Schwierigkeiten, z. B. $0{,}35 = \frac{35}{100} = \frac{7}{20}$; $0{,}048 = \frac{48}{1000} = \frac{6}{125}$; $0{,}124 = \frac{124}{1000} = \frac{31}{250}$; $7{,}2 = 7\frac{2}{10} = 7\frac{1}{5}$.

2. Aufgabe: Verwandle in gemeine Brüche

56,5	9,44	0,45	0,6	0,008	0,37	3,75	18,75	0,86	0,125

11. Das Malnehmen von Dezimalbrüchen. a) $0{,}5 \cdot 0{,}9 = \frac{5}{10} \cdot \frac{9}{10} = \frac{5 \cdot 9}{10 \cdot 10} = \frac{45}{100} = 0{,}45.$

b) $0{,}03 \cdot 0{,}004 = \frac{3}{100} \cdot \frac{4}{1000} = \frac{3 \cdot 4}{100 \cdot 1000} = \frac{12}{100\,000} = 0{,}00012.$

In Beispiel a) habe ich also $5 \cdot 9$ genommen, als wären es ganze Zahlen. Von dem Ergebnis mußte ich dann 2 Stellen, nämlich genau so viel Stellen, wie in der Aufgabe nach dem Komma stehen, abstreichen.

Genau so ist es bei dem Beispiel b: $3 \cdot 4 = 12$. Die Aufgabe hat aber nach dem Komma zusammen 5 Stellen; folglich habe ich von dem Ergebnis 12 fünf Stellen abzustreichen. Da die 12 selbst schon zwei Stellen hat, muß ich 3 Nullen davor setzen. Endergebnis also 0,00012.

Beispiel für große Zahlen:

```
    39,46
  × 7,285
  ───────
   19730
   31568
    7892
  27622
 ────────
287 466 10
```

Nachdem ich erst unbekümmert um das Komma wie mit ganzen Zahlen malgenommen habe, zähle ich danach die Anzahl der Dezimalstellen zusammen — es sind 2 und 3, also 5 Stellen — und streiche sie vom Ergebnis ab. Endergebnis 287,46610.

Merke: Ich nehme Dezimalbrüche mal wie ganze Zahlen und streiche dann vom Ergebnis die Summe der Dezimalstellen ab[1].

1. Aufgabe. (Für Kopfrechnen.)

$0{,}8 \cdot 0{,}5 =$	$5 \cdot 3{,}5 =$	$0{,}6 \cdot 0{,}23 =$	$0{,}7 \cdot 0{,}008 =$	$0{,}08 \cdot 0{,}5 =$	$0{,}8 \cdot 1{,}3 =$
$0{,}8 \cdot 0{,}005 =$	$0{,}8 \cdot 0{,}13 =$	$0{,}6 \cdot 2{,}3 =$	$3{,}4 \cdot 0{,}003 =$	$6 \cdot 0{,}23 =$	$3 \cdot 2{,}1 =$

2. Aufgabe. (Schriftliche Form!)

139,4	2,7682	13,37	4,3824	17,568
× 3,274	× 0,935	× 9,076	× 5,49	× 0,724

Übe weiter an selbstgebildeten Aufgaben!

12. Das Teilen von Dezimalbrüchen. a) Für Kopfrechnen: $0{,}4 : 0{,}08$. Zunächst mache ich beide Brüche gleichnamig $(0{,}40 : 0{,}08)$. Ich lasse nun das Komma fort, d. h. ich erweitere beide Brüche mit 100 $(40 : 8)$. An diesen ganzen Zahlen führe ich die Teilung aus $(40 : 8 = 5)$.

$$3{,}6 : 0{,}9 = 36 : 9 = 4; \qquad 0{,}36 : 0{,}9 = 0{,}36 : 0{,}90 = 36 : 90 = 0{,}4;$$
$$36 : 0{,}09 = 36{,}00 : 0{,}09 = 3600 : 9 = 400; \qquad 0{,}36 : 9 = 0{,}36 : 9{,}00 = 36 : 900 = 0{,}04.$$

---

[1] Manche Rechner schreiben beim schriftlichen Malnehmen von Dezimalbrüchen die einzelnen Produkte schon gleich in die richtige Stellung zum Komma, indem sie beim unteren Faktor so viele gepunktete Striche hinzufügen, wie der obere Faktor Stellen hinter dem Komma hat, und so vorweg die letzte Stelle festlegen. Das Komma des Endergebnisses steht auf diese Weise genau unter dem Komma der beiden Faktoren. Beispiele:

```
     0,58              39,465
  × 0,047 ⋮⋮         ×  7,28 ⋮⋮⋮
  ─────────          ──────────
   0│00406            3│15720
   0│0232             7│8930
  ─────────          276│255
   0,02726           ──────────
                     287,30520
```

1. Aufgabe:

$$0,8:0,04 = \qquad 16,4:0,4 = \qquad 5,05:0,05 = \qquad 0,8\ :2\ = \qquad 3,9:1,3 =$$
$$3,2:0,4\ \ = \qquad 25,2:0,2 = \qquad 12\ \ \ :0,8\ \ = \qquad 0,84:8,4 = \qquad 3,2:6,4 =$$

b) Schriftliche Form: Meistens, auch bei einfacheren Aufgaben, wird man die schriftliche Form anwenden. Dann ist folgendes zu beachten:

1) Der Teiler muß stets eine ganze Zahl sein. Ich streiche bei ihm das Komma fort und merke mir, wieviel Stellen nach dem Komma standen.

2) Um ebensoviel Stellen versetze ich das Komma im Dividendus nach rechts. Häufig bleiben dann noch Dezimalstellen im Dividendus übrig; häufig muß ich noch Nullen anhängen; oft wird der Dividendus dabei auch zu einer ganzen Zahl.

3) Nun teile ich wie bei ganzen Zahlen. Zur rechten Zeit wird das Komma gesetzt, und dann geht das Teilen in gewohnter Weise weiter. Geht die Zahl nicht auf, so wird es im allgemeinen genügen, bis zur vierten Dezimalstelle zu rechnen. Einige Beispiele mögen das erläutern:

$8,4692:0,25$.

$846,92:25 = 33,8768$

75	
96	Damit der Teiler 0,25 zu einer ganzen Zahl, also zu 25 wird, sind zu teilende Zahl und Teiler mit 100 zu erweitern (siehe Abschn. 13).

Damit der Teiler 0,25 zu einer ganzen Zahl, also zu 25 wird, sind zu teilende Zahl und Teiler mit 100 zu erweitern (siehe Abschn. 13).

Das Komma im Ergebnis zur rechten Zeit setzen! Sind keine Dezimalstellen mehr zum „Herunterholen" vorhanden, so holen wir Nullen herunter!

```
8,4692:0,25.
846,92:25 = 33,8768
75
---
 96
 75
---
219
200
---
192
175
---
170
150
---
200
200
---
  0
```

```
7,6:0,08
Mit 100 erweitert
760:8 = 95
 72
---
 40
 40
---
  0
```

```
0,945:2,8
Mit 10 erweitert
9,45:28 = 0,337
0
--
94
84
---
105
 84
---
210 usf.
```

```
0,02:39,4
Mit 10 erweitert
0,2:394 = 0,0005
0
--
02        Achte auf
 0        die Nullen
---
20        nach dem
 0        Komma!
---
200
  0
----
2000
1970 usf.
```

2. Aufgabe: Löse nach obigen Mustern:

$$4,25\ \ \ :0,98\ = \qquad 0,75:\ 6,4\ \ \ = \qquad 0,25\ \ \ :0,0096 = \qquad 16,4:8,6\ \ \ =$$
$$36,8296:0,47\ = \qquad 35,6\ :\ 7,845 = \qquad 35,912:0,078\ = \qquad 372,8:3,225 =$$
$$6,4\ \ \ :2,55\ = \qquad 9,06:24,3\ \ \ = \qquad 3,009:0,35\ \ \ = \qquad 144\ \ \ :0,68\ \ =$$
$$6,5\ \ \ :0,739 = \qquad 146\ \ \ :\ 2,76\ \ = \qquad 3\ \ \ \ \ \ :2,458\ \ = $$

13. Vom Malnehmen mit 10, 100, 1000 usw.

Beispiele: $8 \cdot 10 = 80$; $37 \cdot 10 = 370$; $2680 \cdot 10 = 26800$.

Merke: Ich nehme ganze Zahlen mit 10 mal, indem ich eine *Null* anhänge.

Beispiele: $7,926 \cdot 10 = 79,26$; denn nehme ich 10 mal, so erhält jede Ziffer den 10fachen Wert. Die Einer werden also Zehner; die Zehntel werden Einer; die Hundertstel werden Zehntel usw. Kurz: Das Komma muß eine Stelle nach rechts gerückt werden.

$$3,8 \cdot 10 = 38; \quad 392,57 \cdot 10 = 3925,7; \quad 0,0068 \cdot 10 = 0,068.$$

Merke: Ich nehme Dezimalbrüche mit 10 mal, indem ich das Komma *eine* Stelle nach rechts rücke.

1. Aufgabe: Nimm mit 10 mal

1640;   25,4135;   4,186;   0,009;   3,5;   16,286;   0,098;   0,49;   3,1225;   6,241.

Merke: Ich nehme mit 100 mal, indem ich 2 Nullen anhänge oder, falls ein Komma vorhanden ist, dasselbe 2 Stellen nach rechts rücke.

Beispiele: $14 \cdot 100 = 1400$; $6,3 \cdot 100 = 630$; $0,215 \cdot 100 = .21,5$.

2. Aufgabe: Nimm mit 100 mal

48;   395;   69,25;   8,495;   0,5;   8,2;   76;   0,14;   1367,2;   44,396;   0,0005.

Merke: Ich nehme mit 1000 mal, indem ich 3 Nullen anhänge oder, falls ein Komma vorhanden ist, dasselbe um 3 Stellen nach rechts rücke.

Beispiele: $35 \cdot 1000 = 35\,000$; $6,4 \cdot 1000 = 6400$; $0,0047 \cdot 1000 = 4,7$.

Bilde nach diesen Mustern selbständig zahlreiche Aufgaben. Bilde die entsprechenden Regeln über das Malnehmen mit 10000, 100000, 1000000 und übe tüchtig an selbst gewählten Aufgaben!

14. Das Teilen durch 10, 100, 1000 usw.

$$80:10 = 8,0 \qquad 0,06:10 = 0,006 \qquad 0,5:10 = 0,05 \qquad 19,5:10 = 1,95$$

Merke: Ich teile durch 10, indem ich von der Zahl 1 Stelle abstreiche oder, falls ein Komma vorhanden ist, dasselbe 1 Stelle nach links rücke.

Aufgabe: Teile durch 10

46;   275;   9,4;   16,3;   0,8;   144,2;   76,5;   9;   0,314;   2,751;   168,3;   24,591.

Das Teilen durch 100.

$$368:100 = 3,68; \qquad 4:100 = 0,04; \qquad 241,32:100 = 2,4132.$$

Merke: Ich teile durch 100, indem ich vom Ende der Zahl 2 Stellen abstreiche oder, falls ein Komma vorhanden ist, dasselbe um 2 Stellen nach links rücke.

Bilde nach vorstehenden Mustern Aufgaben und löse sie! Bilde ferner die entsprechenden Regeln über das Teilen durch 1000, 10000, 100000, 1000000! Übe an selbstgewählten Aufgaben, z.B. $7:10000 = 0,0007$ (4 Stellen abstreichen!); $39,5:1000 = 0,0395$ (Komma drei Stellen nach links rücken!);

$$492\,653:100\,000 = 4,92653 \quad \text{(5 Stellen abstreichen!) usf.}$$

C. Von den Verhältnissen und Proportionen

15. Das Wesen der Verhältnisrechnung. Falls der vorstehende Teil über die Bruchrechnung gründlich durchgearbeitet ist, bietet die Verhältnisrechnung kaum noch Schwierigkeiten. Wir müssen uns zunächst über das Wesen dieser Rechnung klar werden. Ein Tisch ist 1 m hoch, ein Schrank 2 m. Will ich beide Dinge hinsichtlich ihrer Größe miteinander vergleichen, so drücke ich das so aus: Der Tisch verhält sich zum Schrank wie 1 zu 2 oder, da es üblich ist, statt des Wortes „zu" einen Doppelpunkt zu setzen, wie $1:2$.

Den Ausdruck $1:2$ nennt man ein *Verhältnis*. Durch solche Verhältnisaufstellung ist es mir leicht möglich, Zahlengrößen miteinander zu vergleichen. Aus dem Ausdruck: Der Tisch verhält sich zum Schrank wie $1:2$, weiß ich sofort, daß der Schrank doppelt so groß ist wie der Tisch, oder daß der Tisch halb so groß ist wie der Schrank, oder daß der Tisch 1 Größeneinheit besitzt, während der Schrank 2 solche Einheiten besitzt.

Ein Baum sei 4 m hoch, ein Haus 12 m. Die Größe des Baumes verhält sich zur Größe des Hauses wie $4:12$. Das ist wieder ein Verhältnis. Es will sagen: Rechnen wir auf den Baum 4 Größenteile, so kommen auf das Haus 12 solcher

Größenteile; mit anderen Worten: Das Haus ist 3mal so groß wie der Baum. Demnach könnten wir auch sagen: Baum verhält sich zu Haus wie 1:3. Ob ich also sage 4:12 oder 1:3, das ist ganz gleich. Beide Verhältnisse haben denselben Wert; beide sagen, daß die zweite Größe 3mal so groß ist wie die erste. Der Ausdruck 1:3 hat gegen den Ausdruck 4:12 jedoch den Vorteil, daß er kleinere Zahlen aufweist und dadurch übersichtlicher ist.

Merke: Es ist üblich, Verhältnisse in den kleinsten ganzen Zahlen auszudrücken. Diese Kunst zu erlernen, sei nun unser Bestreben.

4:8 = 1:2. (Ich habe sowohl die 4 als auch die 8 durch 4 gekürzt.) 15:20 = 3:4 (gekürzt durch 5). 18:20 = 9:10 (gekürzt durch 2). 32:48 = 8:12; 8:12 sind aber noch nicht die kleinsten Zahlen. Sie lassen sich noch einmal kürzen, und zwar durch 4. Also 32:48 = 2:3.

1. Aufgabe: Drücke in kleinsten ganzen Zahlen aus:

18:24   18:60   32:72   48:27   120:96   72:20   30:24   35:28   72:96

$\frac{5}{6}$:3 =. Treten Brüche oder gemischte Zahlen im Verhältnis auf, so wird die Teilung durchgeführt (Abschn. 5), und dann werden die Ergebnisse wieder als Verhältnis geschrieben, z. B.

$$\tfrac{5}{6}:3 = \frac{5}{6\cdot3} = \tfrac{5}{18} = 5:18; \qquad 4:\tfrac{6}{7} = \frac{4\cdot7}{6} = \frac{2\cdot7}{3} = \tfrac{14}{3} = 14:3;$$

$$\tfrac{2}{15}:\tfrac{9}{10} = \frac{2\cdot10}{15\cdot9} = \frac{2\cdot2}{3\cdot9} = \tfrac{4}{27} = 4:27; \qquad 3\tfrac{1}{4}:2\tfrac{2}{3} = \tfrac{13}{4}:\tfrac{8}{3} = \frac{13\cdot3}{4\cdot8} = \tfrac{39}{32} = 39:32.$$

2. Aufgabe: Drücke in kleinsten ganzen Zahlen aus

$3:\tfrac{4}{9}$ $9\tfrac{3}{4}:\tfrac{2}{3}$ $4\tfrac{2}{7}:4$ $3\tfrac{1}{2}:\tfrac{4}{5}$ $\tfrac{5}{9}:\tfrac{5}{6}$ $5:\tfrac{3}{4}$ $\tfrac{5}{9}:\tfrac{1}{2}$ $9:6\tfrac{3}{4}$ $5\tfrac{1}{4}:\tfrac{2}{9}$

$1\tfrac{4}{9}:3\tfrac{1}{3}$ $3\tfrac{1}{2}:6$ $\tfrac{4}{9}:\tfrac{5}{6}$ $8:7\tfrac{5}{9}$ $1\tfrac{5}{6}:\tfrac{2}{3}$ $5\tfrac{1}{2}:4\tfrac{3}{4}$ $\tfrac{3}{5}:\tfrac{4}{7}$ $\tfrac{3}{5}:\tfrac{4}{9}$ $3\tfrac{3}{4}:\tfrac{2}{7}$

Treten Dezimalbrüche auf, z. B. 6:0,8, so werden sie gleichnamig gemacht (gleiche Stellenzahl nach dem Komma!), also 6,0:0,8; das Komma wird fortgelassen, also 60:8, dann wird gekürzt, wenn es möglich ist, also 15:2. Ergebnis: 6:0,8 = 15:2.

Beispiele: 0,04:3 = 0,04:3,00 = 4:300 = 1:75;   0,064:2,4 = 0,064:2,400 = 64:2400 = 2:75;   7,2:0,24 = 7,20:0,24 = 720:24 = 30:1.

3. Aufgabe: Drücke in kleinsten ganzen Zahlen aus:

0,9 :3,6   0,46:1,8   0,05:12,5   8,4:0,036   1,2 :36   0,07:42
0,25:8,75   0,09:0,042   3,9 : 0,52   0,3:0,003   0,12: 3,6   16,8 : 0,021.

Treten Dezimalbruch und gemeiner Bruch auf, z. B. $0,8:3\tfrac{1}{2}$, so verwandle ich nach Bequemlichkeit die eine Art in die andere, so daß Brüche gleicher Art entstehen. Also:

$$0,8:3\tfrac{1}{2} = \tfrac{4}{5}:3\tfrac{1}{2} = \tfrac{4}{5}:\tfrac{7}{2} = \frac{4\cdot2}{5\cdot7} = \tfrac{8}{35} = 8:35; \quad \text{oder} \quad 0,8:3\tfrac{1}{2} = 0,8:3,5 = 8:35.$$

In diesem Falle ist die zweite Art bequemer.

$$0,25:4\tfrac{1}{5} = \tfrac{1}{4}:4\tfrac{1}{5} = \tfrac{1}{4}:\tfrac{21}{5} = \frac{1\cdot5}{4\cdot21} = \tfrac{5}{84} = 5:84;$$

oder $0,25:4\tfrac{1}{5} = 0,25:4,2 = 0,25:4,20 = 25:420 = 5:84.$

$$0,7:3\tfrac{1}{3} = \tfrac{7}{10}:3\tfrac{1}{3} = \tfrac{7}{10}:\tfrac{10}{3} = \frac{7\cdot3}{10\cdot10} = \tfrac{21}{100} = 21:100.$$

Die zweite Art der Lösung ist diesmal nicht zu verwerten, da ich $3\tfrac{1}{3}$ zu einem Dezimalbruch nicht umwandeln kann; denn $3\tfrac{1}{3}$ geht nicht auf. $3\tfrac{1}{3} = 3.3333\ldots$

4. Aufgabe: Drücke in kleinsten ganzen Zahlen aus

$0,9 :\tfrac{3}{8}$ $0,8:\tfrac{4}{7}$ $0,15:\tfrac{5}{6}$ $0,96:1\tfrac{3}{4}$ $16\tfrac{1}{4}:1,6$ $10,2 :3\tfrac{1}{2}$ $8,4:\tfrac{1}{2}$
$0,45:\tfrac{2}{5}$ $1\tfrac{5}{6}:3,5$ $\tfrac{7}{12}:0,75$ $4,2 :5\tfrac{1}{2}$ $\tfrac{12}{25}:1,2$ $4\tfrac{3}{5}:14,5$ $6,5:\tfrac{5}{8}$

16. Das Verhältnis als Bruch. 3:4 ist, wie wir soeben gelernt haben, ein Verhältnis und wird gelesen 3 zu 4. Aber es ist auch eine Divisionsaufgabe und wird gelesen 3 durch 4. Demnach kann ich auch $\frac{3}{4}$ schreiben (Abschn. 1). Zwischen Verhältnis, Divisionsaufgabe und Bruch ist kein Wertunterschied. Mithin kann ich jedes Verhältnis ohne weiteres als Bruch schreiben.

1. Aufgabe: Schreibe als Bruch (z.B. $8:11 = \frac{8}{11}$):

$$4:9 \qquad 8:3 \qquad 13:11 \qquad 64:123 \qquad 37:45 \qquad 42:11 \qquad 73:53 \qquad 64:9 \qquad 87:19$$

Wenn ein Verhältnis weiter nichts ist als ein Bruch, so kann ich es auch wie einen Bruch behandeln.

a) Ich kann das Verhältnis *erweitern* (Abschn. 2):

$$5:7 = \tfrac{5}{7} = \tfrac{10}{14} = \tfrac{15}{21} = \tfrac{20}{28} \text{ usw,}: \qquad 9:4 = \tfrac{9}{4} = \tfrac{18}{8} = \tfrac{45}{20} = \tfrac{81}{36}.$$

2. Aufgabe: Löse nach vorstehendem Muster, d. h. erweitere beliebig:

$$3:8 \qquad 17:9 \qquad 18:7 \qquad 5:8 \qquad 14:9 \qquad 12:19 \qquad 2:7 \qquad 9:4 \qquad 4:15$$

b) Ich kann das Verhältnis *kürzen* (Abschn. 3):

$$14:21 = \tfrac{14}{21} = \tfrac{2}{3}; \qquad 144:160 = \tfrac{144}{160} = \tfrac{9}{10}; \qquad 50:90 = \tfrac{50}{90} = \tfrac{5}{9}$$

c) Ich kann Zähler und Nenner in *Faktoren* zerlegen:

$\tfrac{15}{22}$: Für 15 kann ich auch $3 \cdot 5$ sagen, für 22 auch $2 \cdot 11$. Ich könnte den Bruch $\tfrac{15}{22}$ also auch $\dfrac{3 \cdot 5}{2 \cdot 11}$ schreiben. Wir sagen: Zähler und Nenner sind in Faktoren zerlegt. Andere Beispiele:

$$\tfrac{4}{15} = \frac{2 \cdot 2}{3 \cdot 5}; \qquad \tfrac{24}{19} = \frac{3 \cdot 8}{1 \cdot 19}; \qquad \tfrac{12}{35} = \frac{3 \cdot 4}{5 \cdot 7} \text{ oder } \frac{2 \cdot 6}{5 \cdot 7}; \qquad \tfrac{16}{27} = \frac{4 \cdot 4}{3 \cdot 9} \text{ oder } \frac{2 \cdot 8}{3 \cdot 9}.$$

3. Aufgabe: Zerlege Zähler und Nenner in je 2 Faktoren:

$$\tfrac{15}{22} \quad \tfrac{21}{44} \quad \tfrac{27}{56} \quad \tfrac{18}{35} \quad \tfrac{36}{51} \quad \tfrac{25}{72} \quad \tfrac{10}{39} \quad \tfrac{64}{65} \quad \tfrac{81}{124} \quad \tfrac{96}{125} \quad \tfrac{84}{225} \quad \tfrac{48}{95}$$

Ist eine Zahl nicht zu zerlegen, so erhält sie als Faktor eine 1.

$$\text{Z.B.:} \quad \tfrac{3}{8} = \frac{1 \cdot 3}{2 \cdot 4}; \qquad \tfrac{16}{29} = \frac{2 \cdot 8}{1 \cdot 29}; \qquad \tfrac{7}{11} = \frac{1 \cdot 7}{1 \cdot 11}.$$

4. Aufgabe: Zerlege in Faktoren:

$$\tfrac{7}{35} \quad \tfrac{6}{17} \quad \tfrac{6}{23} \quad \tfrac{165}{29} \quad \tfrac{45}{31} \quad \tfrac{19}{48} \quad \tfrac{13}{17} \quad \tfrac{51}{67} \quad \tfrac{11}{13} \quad \tfrac{8}{29} \quad \tfrac{15}{71} \quad \tfrac{37}{83}$$

Zähler und Nenner können auch in drei oder noch mehr Faktoren zerlegt werden, wobei ebenfalls die 1 ein- oder mehrmal als Faktor angewandt wird.

$$\tfrac{48}{54} = \frac{2 \cdot 3 \cdot 8 \text{ (denn } 2 \times 3 \times 8 \text{ ist 48)}}{\cdot 3 \cdot 3 \cdot 6 \text{ (denn } 3 \times 3 \times 6 \text{ ist 54)}}; \quad \tfrac{162}{225} = \frac{2 \cdot 9 \cdot 9}{5 \cdot 5 \cdot 9}; \quad \tfrac{28}{45} = \frac{2 \cdot 2 \cdot 7}{3 \cdot 3 \cdot 5}; \quad \tfrac{7}{65} = \frac{1 \cdot 1 \cdot 7}{1 \cdot 5 \cdot 13}.$$

5. Aufgabe: Zerlege Zähler und Nenner in drei Faktoren:

$$\tfrac{28}{63} \quad \tfrac{36}{75} \quad \tfrac{42}{58} \quad \tfrac{9}{16} \quad \tfrac{84}{125} \quad \tfrac{64}{95} \quad \tfrac{18}{63} \quad \tfrac{80}{144} \quad \tfrac{76}{92} \quad \tfrac{5}{7} \quad \tfrac{13}{27} \quad \tfrac{9}{31}$$

d) Die *Reihenfolge* der Faktoren ist *gleichgültig*:

$$\tfrac{24}{75} = \frac{3 \cdot 8}{5 \cdot 15} \text{ oder } \frac{3 \cdot 8}{15 \cdot 5} \text{ oder } \frac{8 \cdot 3}{5 \cdot 15} \text{ oder } \frac{8 \cdot 3}{15 \cdot 5}.$$

Merke: Die Faktoren des Zählers können untereinander *vertauscht* werden, ebenso die Faktoren des Nenners; jedoch darf *nie* ein Faktor aus dem Zähler in den Nenner oder aus dem Nenner in den Zähler gesetzt werden.

$$\tfrac{36}{75} = \frac{2 \cdot 3 \cdot 6}{3 \cdot 5 \cdot 5} \text{ oder } \frac{3 \cdot 6 \cdot 2}{5 \cdot 3 \cdot 5} \text{ usw.;} \qquad \tfrac{48}{81} = \frac{2 \cdot 4 \cdot 6}{3 \cdot 3 \cdot 9} \text{ oder } \frac{4 \cdot 2 \cdot 6}{3 \cdot 9 \cdot 3} \text{ usw.}$$

Auch in Faktoren zerlegte Verhältnisse können wieder *erweitert* werden. Die Gesamterweiterung des Zählers muß aber der Gesamterweiterung des Nenners entsprechen.

$$\frac{3(\times 5) \cdot 7(\times 10)}{4 \cdot 8}$$: Die Gesamterweiterung des Zählers beträgt $5 \times 10 = 50$. Folglich muß ich den Nenner insgesamt auch mit 50 erweitern. Wie ich diese Er-

weiterung auf die 4 und die 8 im Nenner übertrage, ist gleichgültig. Ich kann z. B. die 4 mit 2 und die 8 mit 25 erweitern; denn 2×25 ist auch 50. Also:

$$\frac{3 \times 5 \cdot 7 \times 10}{4 \times 2 \cdot 8 \times 25} = \frac{15 \cdot 70}{8 \cdot 200} \frac{(5 \cdot 10 = 50)}{(2 \cdot 25 = 50)}; \quad \text{oder} \quad \frac{3 \times 5 \cdot 7 \times 10}{4 \times 10 \cdot 8 \times 5} \frac{(5 \cdot 10 = 50)}{(10 \cdot 5 = 50)} \text{ usw.}$$

Anderes Beispiel: $\dfrac{5 \cdot 12}{4 \cdot 9} = \dfrac{25 \cdot 60}{}$: Der Zähler ist im ganzen mit $5 \times 5 = 25$ erweitert; folglich muß der Nenner im ganzen auch mit 25 erweitert werden. Ich nehme etwa die 4 mit 5 mal, dann muß ich die 9 auch mit 5 malnehmen, denn $5 \times 5 = 25$. Also $\dfrac{5 \cdot 12}{4 \cdot 9} = \dfrac{25 \cdot 60}{20 \cdot 45}$. Oder ich nehme die 4 mit 25 mal, dann darf ich die 9 nur mit 1 malnehmen, denn $25 \cdot 1 = 25$. Also $\dfrac{5 \cdot 12}{4 \cdot 9} = \dfrac{25 \cdot 60}{100 \cdot 9}$ usw.

3. Beispiel: $\dfrac{3 \cdot 8}{5 \cdot 11} = \dfrac{30 \cdot 72}{90 \cdot 55} \begin{array}{l}\text{(im ganzen mit } 10 \times 9 = 90)\\ (\,,, \qquad ,, \qquad ,, \quad 18 \times 5 = 90)\end{array}$.

4. Beispiel: $\dfrac{14 \cdot 13}{1 \cdot 125} = \dfrac{70 \cdot 65}{25 \cdot 125} \begin{array}{l}\text{(im ganzen mit } \; 5 \times 5 = 25)\\ (\,,, \qquad ,, \qquad ,, \quad 25 \times 1 = 25)\end{array}$.

5. Beispiel: $\dfrac{3 \cdot 7 \cdot 12}{1 \cdot 3 \cdot 15} = \dfrac{30 \cdot 35 \cdot 60}{25 \cdot 30 \cdot 15} \begin{array}{l}\text{(im ganzen mit } 10 \times \; 5 \times 5 = 250)\\ (\,,, \qquad ,, \qquad ,, \quad 25 \times 10 \times 1 = 250)\end{array}$.

Übe an selbstgewählten Beispielen bis zur vollständigen Sicherheit!

17. Von der Proportion. $3:4$ ist ein Verhältnis, als Bruch geschrieben $\frac{3}{4}$. $12:16$ ist auch ein Verhältnis, als Bruch $\frac{12}{16}$, gekürzt $\frac{3}{4}$. Beide Verhältnisse sind dem Werte nach $\frac{3}{4}$; demnach sind sie gleich. Folglich kann ich sagen $3:4 = 12:16$, d. h. ich kann die gleichen Verhältnisse durch Gleichheitsstriche verbinden. Dann entsteht eine Proportion. Eine Proportion besteht aus zwei gleichen Verhältnissen, die durch Gleichheitsstriche verbunden sind. Eine Proportion hat vier Glieder. Man unterscheidet äußere und innere Glieder. In $3:4 = 12:16$ sind 3 und 16 die äußeren Glieder; 4 und 12 sind die inneren Glieder. Die äußeren Glieder miteinander malgenommen ergeben $3 \times 16 = 48$; die inneren Glieder ergeben $4 \times 12 = 48$. Beide Ergebnisse sind gleich.

Merke: In jeder Proportion ist das Produkt der inneren Glieder gleich dem Produkt der äußeren Glieder (äußerst wichtig!).

Beispiele: $7:10 = 14:20 \left\{ \begin{array}{l} \text{innere Glieder } 10 \times 14 = 140 \\ \text{äußere Glieder } \; 7 \times 20 = 140 \end{array} \right.$.

$\phantom{\text{Beispiele: }} 5:12 = 25:60 \left\{ \begin{array}{l} \text{innere Glieder } 12 \times 25 = 300 \\ \text{äußere Glieder } \; 5 \times 60 = 300 \end{array} \right.$.

Diese Eigenart der Proportion ermöglicht uns, das fehlende vierte Glied zu finden, wenn die drei anderen bekannt sind, z. B. $3:4 = 9:?$ Das Produkt der inneren Glieder ist $4 \times 9 = 36$. Das Produkt der äußeren Glieder ist also ebenfalls 36. Also $3 \times ? = 36$. Der eine Faktor heißt 3; der unbekannte muß demnach 12 heißen, denn $3 \times 12 = 36$. Den unbekannten Faktor finde ich stets, indem ich das Ergebnis (36) durch den bekannten Faktor (3) teile.

Zusammenfassung: a) Das unbekannte ä u ß e r e Glied finde ich, indem ich das Produkt aus den inneren Gliedern bilde und dies Produkt dann durch das bekannte äußere Glied teile.

Beispiele:

$5:9 = 25:?$; Lösung: $9 \cdot 25 = 225$; $225:5 = 45$, also $5:9 = 25:45$.

Das Produkt $9 \cdot 25$ wirklich auszurechnen, ist nicht einmal nötig. Ich lasse die Faktoren zunächst als solche stehen und teile, indem ich einen Bruchstrich setze, also $= \dfrac{9 \cdot 25}{5}$. Das hat häufig den Vorteil, daß ich kürzen kann und Rechenarbeit spare.

$$6:11 = 18:?; \text{ Lösung:} \frac{11 \cdot 18}{6} = \frac{11 \cdot 3}{1} = 33; \text{ also } 6:11 = 18:33.$$

$$4:7 = 20:?; \text{ Lösung:} \frac{7 \cdot 20}{4} = \frac{7 \cdot 5}{1} = 35; \text{ also } 4:7 = 20:35.$$

Das Ergebnis kann auch ein Bruch sein, z. B.

$$16:12 = 10:?; \text{ Lösung:} \frac{12 \cdot 10}{16} = \frac{3 \cdot 5}{2} = \tfrac{15}{2} = 7\tfrac{1}{2}; \text{ also } 16:12 = 10:7\tfrac{1}{2}.$$

b) Das unbekannte **innere** Glied finde ich, indem ich das Produkt aus den äußeren Gliedern bilde und dies Produkt durch das bekannte innere Glied teile. Beispiele:

$$5:8 = ?:32; \text{ Lösung:} \frac{5 \cdot 32}{8} = \frac{5 \cdot 4}{1} = 20; \text{ also } 5:8 = 20:32.$$

$$3:10 = ?:16; \text{ Lösung:} \frac{3 \cdot 16}{10} = \frac{3 \cdot 8}{5} = \tfrac{24}{5} = 4\tfrac{4}{5}; \text{ also } 3:10 = 4\tfrac{4}{5}:16.$$

Beim Verwerten der Proportion in der Wechselräderberechnung wird es auch häufig vorkommen, daß ein Glied der Proportion ein Bruch ist. Die Lösung bleibt dieselbe, z. B.:

$$35:44 = 8\tfrac{1}{2}:?; \quad \frac{44 \cdot 8\tfrac{1}{2}}{35} = \frac{44 \cdot 17}{35 \cdot 2}, \text{ gekürzt } \frac{22 \cdot 17}{35 \cdot 1} = \tfrac{374}{35} = 10\tfrac{24}{35}.$$

$$7:16 = ?:0,75; \quad \frac{7 \cdot 0,75}{16} = \frac{5,25}{16}; \quad 5,25:16 = 0,328; \text{ also } 7:16 = 0,328:0,75.$$

Aufgabe: Suche das unbekannte Glied!

$6:19 = 18:?$	$5:7 = 4,2:?$	$1:22 = ?:44$	$8:65 = ?:3,25$
$12:19 = 24:?$	$9:19 = 3,5:?$	$25:36 = ?:24$	$28:5 = ?:35\tfrac{13}{15}$
$4:5 = 20:?$	$13:15 = 9\tfrac{1}{2}:?$	$63:16 = ?:10$	$14:51 = ?:7,485$

18. Vom Vergleichen der Zahlen. Sehr häufig kommt es vor, daß man Zahlen miteinander vergleichen muß. Ist $\tfrac{7}{12}$ größer oder kleiner als $\tfrac{5}{9}$?. Um wieviel ist der erste Bruch größer oder kleiner? Gemeine Brüche kann man *sehr schlecht* miteinander vergleichen, darum verwandle ich sie in *Dezimalbrüche* (Abschn. 10): $\tfrac{7}{12} = 7:12 = 0,5833$; $\tfrac{5}{9} = 5:9 = 0,5555$. Nun sehe ich sofort, daß $\tfrac{7}{12}$ größer ist als $\tfrac{5}{9}$, und zwar um 278 Zehntausendstel, denn $0,5833 - 0,5555 = 0,0278$.

Rechne stets bis auf vier oder fünf Dezimalstellen.

$\tfrac{13}{18}$ und $\tfrac{7}{10}$ sind zu vergleichen! $\tfrac{13}{18} = 13:18 = 0,7222$; $\tfrac{7}{10} = 7:10 = 0,7000$.

Unterschied: $\qquad\qquad 0,7222 - 0,7000 = 0,0222$

$\qquad\quad \tfrac{7}{15}$ und $0,4669$ sind zu vergleichen! $\tfrac{7}{15} = 7:15 = 0,4666$.

Unterschied: $\qquad\qquad 0,4669 - 0,4666 = 0,0003$

Aufgabe: Vergleiche $\tfrac{13}{25}$ und $\tfrac{17}{35}$; $\tfrac{7}{15}$ und $0,5695$; $\tfrac{24}{39}$ und $\tfrac{15}{24}$; $\tfrac{5}{12}$ und $\tfrac{15}{31}$; $\tfrac{38}{17}$ und $\tfrac{78}{35}$.

D. Etwas über das Rechnen mit Buchstaben und Gleichungen

In den vorhergehenden Abschnitten wurden alle Rechnungen mit *bestimmten* Zahlen durchgeführt. Man kann an ihrer Stelle aber auch *Buchstaben* in die Rechnung einsetzen, die dann als *Sinnbilder* (Symbole) der Zahlen gelten und beliebige Zahlen bedeuten können. So kann man sagen:

$$a + b = c.$$

Setzt man $a = 7$, $b = 25$, so wird $c = 32$.

Den Ausdruck $a + b = c$ bezeichnet man als *Gleichung*, weil auf beiden Seiten des Gleichheitszeichens gleiche Werte stehen. Man kann für a und b auch andere Werte einsetzen, z. B. $a = 9$, 15, 112, $b = 17$, 28, 49 und dann den zugehörigen Wert von c ausrechnen. Ändert man eine Seite einer Gleichung, so muß man die andere Seite in gleicher Weise ändern, damit die Gleichung bestehen bleibt. Wir wollen z. B. auf der linken Seite b abziehen, dann muß es auch rechts geschehen:

$$a + b - b = c - b.$$

Da $b - b = 0$ ist, können wir links $b - b$ weglassen, so daß die Gleichung nun lautet:

$$a = c - b.$$

Wir haben b auf die andere Seite (des Gleichheitszeichens) gebracht und dabei hat sich ergeben, daß es hier abgezogen werden muß, damit die Gleichung bestehen bleibt.

Merke: Wird eine Größe von einer Seite einer Gleichung auf die andere Seite gebracht, so kehrt sich ihr Vorzeichen um.

Beispiele: Statt $7 + 25 = 32$ kann man auch schreiben $7 = 32 - 25$; statt $9 + 17 = 26$ auch $9 = 26 - 17$; statt $112 - 63 = 49$ auch $112 = 49 + 63$ usw.

In entsprechender Weise, wie oben für das Zusammenzählen (Addieren) und Abziehen (Subtrahieren) gezeigt, kann man auch für die anderen Rechnungsarten *Buchstaben statt Zahlen* in die Rechnung einsetzen. In den vorhergehenden Abschnitten wurden die Brüche behandelt. Der allgemeine Ausdruck für einen Bruch lautet $\frac{a}{b}$ oder $\frac{c}{d}$. In diesen beiden Brüchen sind a und c die Zähler, b und d die Nenner. Alle Gesetzmäßigkeiten, die für das Zahlenrechnen mit Brüchen abgeleitet wurden, gelten auch für das Buchstabenrechnen mit Brüchen.

19. Malnehmen oder Multiplikation von Brüchen (vgl. Abschn. 4, S. 6).

a) Malnehmen eines Bruches mit einer ganzen Zahl: Der Bruch sei $\frac{a}{b}$ und die malzunehmende Zahl (der Multiplikator) sei n, dann ist das Ergebnis $n \cdot \frac{a}{b}$ oder $\frac{n \cdot a}{b}$. Wir haben also den Zähler a mit dem Multiplikator n malgenommen[1].

Beispiel: $a = 5$, $b = 11$, $n = 2$, Ergebnis: $2 \cdot \frac{5}{11} = \frac{2 \cdot 5}{11} = \frac{10}{11}$. — Man beachte, daß sich hier die Multiplikation $2 \cdot \frac{5}{11}$ von der gemischten Zahl $2\frac{5}{11}$ nur dadurch unterscheidet, daß zwischen Multiplikator 2 und Bruch $\frac{5}{11}$ der Punkt als Zeichen für „mal" eingefügt ist.

b) Malnehmen zweier Brüche: $\frac{a}{b} \cdot \frac{c}{d} = \frac{a \cdot c}{b \cdot d}$ oder $\frac{a c}{b d}$ (sprich: a mal c durch b mal d, auch bei weggelassenen „mal"-Punkten). Genau so wie bei den gemeinen Brüchen wird auch hier der Zähler mit dem Zähler, der Nenner mit dem Nenner malgenommen. Setzt man dann Zahlen ein, so muß man darauf bedacht sein, zunächst nach Möglichkeit zu kürzen, um das Zahlenrechnen zu erleichtern. Beispiel: $a = 5$, $b = 12$, $c = 16$, $d = 20$; $\frac{a c}{b d} = \frac{5 \cdot 16}{12 \cdot 20} = \frac{1 \cdot 4}{3 \cdot 4} = \frac{1}{3}$.

20. Teilen oder Division von Brüchen. a) Teilen eines Bruches durch eine Zahl, z. B. $\frac{a}{b} : c = ?$ Genau so wie in Abschn. 5 (S. 7) abgeleitet, wird auch hier

---

[1] Zwischen Buchstaben *kann* man den Punkt, der als Multiplikationszeichen dient, auch weglassen, ebenso zwischen Buchstaben und Zahlen, nicht aber zwischen Zahlen. Also hier kann man statt $\frac{n \cdot a}{b}$ auch einfach schreiben $\frac{n a}{b}$ (sprich: n mal a durch b).

der Nenner mit dem Teiler (Divisor) malgenommen, also $\dfrac{a}{b} : c = \dfrac{a}{bc}$. Beispiel:
$a = 15$, $b = 19$, $c = 5$; $\dfrac{a}{bc} = \dfrac{15}{19 \cdot 5} = \tfrac{3}{19}$.

b) Teilen eines Bruches durch einen Bruch, z.B. $\dfrac{a}{b} : \dfrac{c}{d} = ?$ Nach Seite 8
wird diese Teilung in eine Multiplikation umgewandelt, wobei man den Teiler $\dfrac{c}{d}$
umkehrt, also $\dfrac{a}{b} : \dfrac{c}{d} = \dfrac{a}{b} \cdot \dfrac{d}{c} = \dfrac{ad}{bc}$. Beispiel: $a = 15$, $b = 22$, $c = 25$, $d = 33$;
$$\dfrac{a}{b} : \dfrac{c}{d} = \dfrac{a}{b} \cdot \dfrac{d}{c} = \tfrac{15}{22} \cdot \tfrac{33}{25} = \dfrac{3 \cdot 3}{2 \cdot 5} = \tfrac{9}{10} \, .$$

21. Gleichungen, in denen Zahlen und Buchstaben enthalten sind. Gegeben sei
folgende Gleichung:
$$3a + 15b + 28d = 2a + 18b - 4c + 8d \, .$$

Wir fassen zunächst alle gleichnamigen Glieder dieser Gleichung, d. h. alle Glieder
mit gleichen Buchstaben, zusammen, müssen aber dabei beachten, daß das Vorzeichen sich umkehrt, wenn wir ein Glied auf die andere Seite bringen. Wir erhalten,
wenn wir z.B. alle Glieder nach links bringen:
$$3a - 2a + 15b - 18b + 4c + 28d - 8d = 0 \, .$$
Durch Zusammenfassen der gleichnamigen Glieder ergibt sich:
$$a - 3b + 4c + 20d = 0 \, .$$
Wollen wir nur Glieder mit positivem Vorzeichen in der Gleichung haben, dann
bringen wir jetzt $- 3b$ nach rechts: $a + 4c + 20d = 3b$.

Eine Gleichung, in der Brüche vorkommen, kann man ebenfalls vereinfachen.
Gegeben sei die Gleichung:
$$\dfrac{7a}{9b} + \dfrac{3c}{4d} = \dfrac{8e}{5f} \, .$$

Wir wollen die Brüche beseitigen. Deshalb nehmen wir der Reihe nach alle Glieder
der Gleichung mit den Nennern der Brüche mal (sowohl beim Malnehmen wie beim
Teilen einer Gleichung müssen *alle* Glieder der Gleichung berücksichtigt werden):
$$1. \; \dfrac{7a}{9b} \cdot 9b + \dfrac{3c}{4d} \cdot 9b = \dfrac{8e}{5f} \cdot 9b; \quad 2. \; \dfrac{7a}{9b} \cdot 9b \cdot 4d + \dfrac{3c}{4d} \cdot 9b \cdot 4d = \dfrac{8e}{5f} \cdot 9b \cdot 4d;$$
$$3. \; \dfrac{7a}{9b} \cdot 9b \cdot 4d \cdot 5f + \dfrac{3c}{4d} \cdot 9b \cdot 4d \cdot 5f = \dfrac{8e}{5f} \cdot 9b \cdot 4d \cdot 5f \, .$$

Im ersten Glied hebt sich jetzt $9b$ gegen $9b$, im zweiten $4d$ gegen $4d$ und im dritten
$5f$ gegen $5f$, d. h. alle Nenner fallen weg:
$$7a \cdot 4d \cdot 5f + 3c \cdot 9b \cdot 5f = 8e \cdot 9b \cdot 4d \quad \text{oder} \quad 140adf + 135bcf = 288bde \, .$$
Da alle drei Glieder dieser Gleichung weder einen Buchstaben gemeinsam noch
einen gemeinsamen Teiler für die Zahlen haben, kann man sie nicht weiter vereinfachen. Anders ist es aber in folgendem Beispiel:
$$35abf + 40bcd = 5ab \, .$$

Diese Gleichung kann zunächst durch 5 und durch b geteilt werden, denn diese
beiden Größen sind allen Gliedern gemeinsam. Wir erhalten
$$7af + 8cd = a \, .$$

Weiter können wir $7af$ auf die andere Seite bringen: $8cd = a - 7af$ und hier a
ausklammern: $8cd = a\,(1 - 7f)$, denn, wenn wir diese Klammer wieder auflösen,
würde die vorhergehende Gleichung wieder entstehen, weil Größen, die vor einer
Klammer stehen, mit allen in der Klammer stehenden Gliedern malgenommen

werden müssen. Soll weiter a aus dieser Gleichung ausgerechnet werden, so teilen wir noch durch $1 - 7f$ und erhalten:

$$a = \frac{8cd}{1 - 7f}.$$

Wie man aus diesen Beispielen sieht, bringt das Rechnen mit Buchstaben anstatt mit Zahlen nichts grundsätzlich Neues, es bietet aber den Vorteil, den Rechnungsgang zu verallgemeinern und die Zusammenhänge zwischen verschiedenen Größen in eine solche Form zu bringen, daß man in späteren praktischen Fällen nur die Zahlen einzusetzen braucht und sofort das Ergebnis ausrechnen kann.

II. Das Berechnen von Wechselrädern
A. Etwas über Zahnräder und Gewinde

22. Stirnräder mit geraden Zähnen. Nach Abb. 1 unterscheidet man an einem Stirnrad drei Durchmesser: Kopfkreis- oder Außendurchmesser, Fußkreis- und Teilkreis-Durchmesser. In der Regel ist der Teilkreis zugleich Wälzkreis, d. h. derjenige Kreis, auf dem sich beim Zusammenarbeiten zweier Zahnräder der Teilkreis des Gegenrades abwälzt, so als wären es zwei Walzen vom Teilkreisdurchmesser. Kopfkreis und Fußkreis sind rein konstruktive Größen. Die Kopfhöhe k der Zähne, vom Teilkreis aus gemessen, ist kleiner als die Fußhöhe f, damit das Gegenrad am Fußkreis freigeht. Die Summe von Fuß- und Kopfhöhe ist die Zahnhöhe h_l (Zahnlückentiefe, Frästiefe). Auf dem

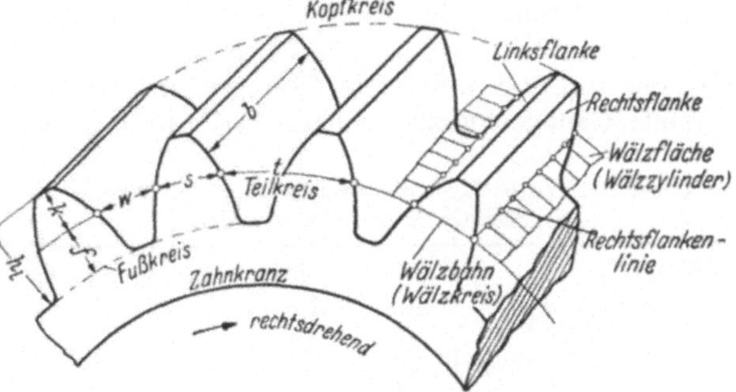

Abb. 1. Bezeichnungen am Stirnrad

Teilkreis wird die Zahnteilung t im Bogenmaß gemessen, ebenso die Weite der Zahnlücke w und die Stärke des Zahnes s. Praktisch macht man die Zahnlücke ganz wenig größer als die Zahnstärke, damit außer dem Gegenzahn auch das Schmiermittel darin Platz hat. Die Summe von w und s ist gleich der Zahnteilung t. Spricht man vom Durchmesser eines Zahnrades, so meint man den Teilkreisdurchmesser, weil er für das Zusammenarbeiten der Zahnräder maßgebend ist. In Ausnahmefällen, z. B. wenn Zahnräder mit besonders kleiner Zähnezahl benötigt werden oder wenn der Zahnraddurchmesser aus konstruktiven Gründen (siehe z. B. Abb. 8) von der Norm abweichen muß, fertigt man Zahnräder mit „verschobenem" Zahnprofil, bei denen Kopfkreis und Fußkreis zum Teilkreis eine andere Lage haben als in Abb. 1. Darauf wollen wir hier aber nicht weiter eingehen; es hat auf das Übersetzungsverhältnis der Zahnräder (Abschn. 24) keinen Einfluß.

Der Umfang u eines Teilkreises muß gleich Zähnezahl z mal Teilung t sein, als Gleichung geschrieben:

$$u = z \cdot t. \tag{1}$$

Wenn wir den Durchmesser d des Teilkreises messen, können wir auch seinen Umfang berechnen, denn der Umfang eines Kreises ist rd. 3,14mal so groß wie der Durchmesser. Diese Zahl, die das Verhältnis von Umfang zu Durchmesser des Kreises angibt, wird mit π (griech., sprich pi) bezeichnet. Ihr genauer Wert ist 3,14159265 ... mit unendlich großer Stellenzahl. Man rechnet gewöhnlich mit 3,14 oder besonders genau mit 3,1416. Wir kommen später (Abschn. 32, S. 34) noch darauf zurück. Wir können also den Umfang auch durch d mal π ausdrücken:

$$u = d \cdot \pi. \tag{2}$$

In den beiden Gleichungen (1) und (2) haben wir drei Größen vor uns: u, $z \cdot t$ und $d \cdot \pi$. Wenn nun zwei Größen derselben dritten gleich sind, dann müssen sie auch unter sich gleich sein; folglich, da $u = u$,

$$z \cdot t = d \cdot \pi. \tag{3}$$

Es hat sich praktisch als zweckmäßig herausgestellt, die Teilung t als ein Vielfaches von π anzugeben und den Multiplikator als Modul (m) zu bezeichnen, also $t = m \cdot \pi$ (Teilung gleich Modul mal π). Wir können in Gl. (1) somit auch statt $z \cdot t$ setzen: $z \cdot m \cdot \pi$. Dieser Ausdruck ist ebenfalls gleich $d \cdot \pi$ und wir erhalten die Gleichung $z \cdot m \cdot \pi = d \cdot \pi$, die wir noch durch π teilen können, weil es in beiden Gliedern steht. Folglich ist

$$z \cdot m = d \quad \text{(Zähnezahl mal Modul gleich Durchmesser).} \tag{4}$$

Das bedeutet: Wenn wir für den Modul eine ganze Zahl wählen, so ist auch der Durchmesser des Teilkreises eine ganze Zahl, die Teilung t und der Umfang dagegen sind Dezimalbrüche mit derselben Stellenzahl hinter dem Komma, wie wir für π annehmen. Aber Teilung und Umfang messen wir nicht unmittelbar in der Werkstatt. Wir messen den Durchmesser und stellen die Fräsmaschine so ein, daß der Umfang in so viele Teile geteilt wird, wie Zähne gewünscht werden. Die Tabelle 1 möge hierzu noch als Erläuterung dienen. Der Modul m wird ebenso wie der Durchmesser d in mm gemessen, während π eine sog. unbenannte Zahl, eine Verhältniszahl, ist.

Tabelle 1. *Teilkreisdurchmesser d (mm) für verschiedene Moduln m und Zähnezahlen z*

Modul m	mm	1	5	12
Teilung $t = m \cdot \pi$	mm	3,14	15,7	37,68
Zähnezahl $\qquad z = 15$		15	75	180
20		20	100	240
40		40	200	480

Wenn zwei Stirnräder zusammen arbeiten sollen, so muß, da die Teilkreise zugleich die Wälzkreise sind, der Abstand von Wellenmitte bis Wellenmitte gleich der Summe der Teilkreishalbmesser beider Räder sein. Diesen Abstand nennt man Mittenabstand oder Wellenabstand; man sagt auch Achsenabstand und denkt dabei an die mathematische Achse, das ist die natürlich unsichtbare Mittellinie der Welle. Da der Durchmesser eines Teilkreises gleich $m \cdot z$ ist, ist der Halbmesser gleich $\dfrac{m \cdot z}{2}$ und die Summe der Halbmesser zweier Räder mit den Zähnezahlen z_1 und z_2 gleich $\dfrac{m \cdot z_1}{2} + \dfrac{m \cdot z_2}{2}$, denn der Modul muß ja für beide Räder derselbe sein. Bezeichnen wir den Wellenabstand mit a, so wird

$$a = \frac{m \cdot z_1}{2} + \frac{m \cdot z_2}{2} = \frac{m}{2}\,(z_1 + z_2). \tag{5}$$

Der Mittenabstand zweier Zahnräder ist also gleich der Summe der beiden Zähnezahlen mal dem halben Modul. Da der Modul in mm angegeben wird, ist a auch in mm bemessen. Auch hier zeigt sich der Vorteil für die Werkstattarbeiten, den Modul in einfachen, möglichst ganzen Zahlen anzugeben.

Beispiele: Mittenabstand je zweier Zahnräder mit den Zähnezahlen $z_1 = 15$, 22, 30 und $z_2 = 24$, 21, 17; der Modul sei $m = 8$, 10, 12 mm. — *Ergebnisse*: $4 \cdot (15 + 24) = 156$ mm; $5 \cdot (22 + 21) = 215$ mm; $6 \cdot (30 + 17) = 282$ mm.

Damit der Konstrukteur bei der Berechnung von Zahnrädern einen Anhalt hat für die bevorzugt zu verwendenden Moduln, sind diese im Normblatt DIN 780 genormt. Bei den ganz feinen Verzahnungen unter Modul 1 sind alle Zehntel mm von 0,3 bis 1 mm zugelassen, dann beträgt der Sprung je 0,25 mm bis 4 mm, weiter je 0,5 mm bis 7 mm, darüber je 1 mm bis 16, je 2 mm bis 24, je 3 mm bis 45 und schließlich je 5 mm bis 75 mm. Die größte hiernach genormte Verzahnung hat also eine Zahnteilung von 75 π = rd. 236 mm, die kleinste nur rd. 0,94 mm.

23. Sonstige Zahnräder. Stirnräder mit schraubengangartig geformten, sogenannten „schrägen" Zähnen und Kegelräder mögen hier erwähnt werden. Auch für alle diese Zahnräder werden die Teilungen stets in Modul mal π angegeben. Eine nähere Betrachtung ist jedoch aus Platzmangel nicht möglich. Auch kommen diese Räder als Schalt- und Wechselräder nicht in Frage. Was aber im nächsten Abschnitt für das Übersetzungsverhältnis der Stirnräder abgeleitet wird, nämlich, daß dafür das Verhältnis der Zähnezahlen maßgebend ist, gilt auch für Schrägzahnstirnräder und Kegelräder. Bei Schraubgetrieben, z. B. Schnecke und Schneckenrad, kann man das Übersetzungsverhältnis berechnen, wenn man bedenkt, daß eine eingängige Schnecke das Schneckenrad um einen Zahn, eine zweigängige das Schneckenrad um zwei Zähne weiterdreht, wenn sie selbst eine Umdrehung macht. Schneckengetriebe werden für große Übersetzungen verwendet, z. B. im Teilkopf der Universalfräsmaschinen. Über Steigung und Teilung mehrgängiger Schnecken siehe Abschn. 26, letzter Absatz.

24. Übersetzungsverhältnisse von Schalt- und Wechselrädern. Jedes Getriebe, das mit Zahnrädern bei gleichbleibender Motordrehzahl eine Welle (Kardanwelle im Auto; Dreh-, Bohr- oder Frässpindel in der Werkzeugmaschine) antreibt, die verschieden schnell laufen soll, muß so gebaut sein, daß verschieden große Zahnräder miteinander in Eingriff und zur Zusammenarbeit gebracht werden können. Sind diese Räder in den Getriebekasten fest eingebaut, so muß man sie durch Verschieben, durch Schwenken oder durch Kuppeln zur Mitarbeit bringen und spricht dann von *Schaltgetrieben*. Sind die Räder nicht fest eingebaut, müssen sie also bei jeder Übersetzungsänderung von ihrem Wellenzapfen abgezogen und ausgewechselt werden, wie es an Drehbänken älterer Bauart, am Teilkopf der Universalfräsmaschine, teilweise auch an Zahnradbearbeitungsmaschinen und an manchen Schleifmaschinen geschieht, so spricht man von *Wechselrädergetrieben*. Wer sich mit dem Berechnen von Wechselrädern vertraut macht, gewinnt dadurch zugleich ein gutes Verständnis für die Schaltgetriebe.

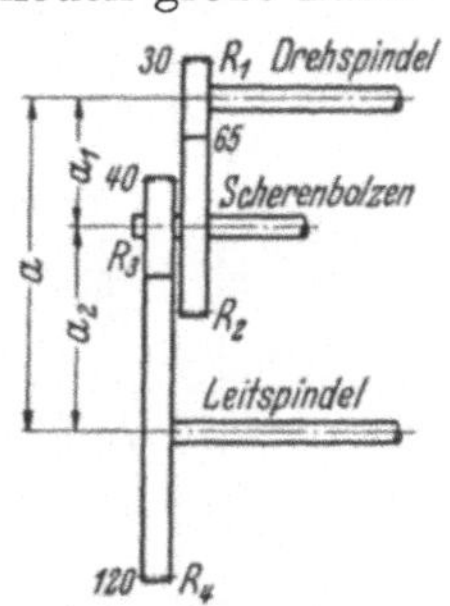

Abb. 2. Schema der Wechselräderanordnung an einer Drehbank

Wir unterscheiden in einem Getriebe treibende und getriebene Räder (TR und GR). Auf einer Motorwelle denken wir uns ein Zahnrad mit 20 Zähnen, das in ein Rad von 40 Zähnen eingreift. Jeder Zahn des kleineren Rades schiebt einen Zahn des größeren Rades weiter, so daß das größere Zahnrad sich einmal dreht, wenn das kleinere zwei Umdrehungen macht. Der Kraftfluß geht hier vom kleineren zum größeren Rad, das kleinere ist also das treibende, das größere das getriebene Rad. Nach dem Normblatt DIN 868 ist „*Übersetzungsverhältnis*" das Verhältnis der Umdrehungen in Richtung des Kraftflusses, im betrachteten Beispiel also das Verhältnis der Umdrehungen des Motors zu den Umdrehungen des angetriebenen Zahnrades, hier 2:1.

Bei den Zahnradgetrieben an Werkzeugmaschinen liegt es näher, das „*Räderverhältnis*", d. h. das Verhältnis der Zähnezahl des treibenden zu derjenigen des getriebenen Rades, anzugeben. Dieses Räderverhältnis ist im oben betrachteten Beispiel gleich 1:2, also der Kehrwert (reziproke Wert) des Übersetzungsverhältnisses:

$$\frac{TR}{GR} = \frac{\text{Treibendes Rad (Zähnezahl)}}{\text{Getriebenes Rad (Zähnezahl)}} = \frac{\text{Getriebene Umdrehungen}}{\text{Treibende Umdrehungen}}.$$

Die Abb. 2 stellt schematisch den Antrieb der Leitspindel einer Drehbank mittels Wechselrädern unmittelbar von der Drehspindel aus dar, wie zunächst der Einfachheit halber angenommen sei. R_1 bis R_4 sind die Wechselräder, ihre Zähnezahlen sind in der Abbildung angegeben.

Die Räder R_1 und R_4 befinden sich auf Drehspindel und Leitspindel, die an der Maschine eine feste Lage haben und deren Abstand eine bestimmte Größe ist. Die beiden mittleren Räder sitzen zusammen auf einer Buchse und diese läuft auf dem Scherenbolzen, der verstellbar an einer um die Leitspindel schwenkbaren und in beliebiger Stellung feststellbaren Gabel (sog. *Schere*) festgespannt wird. Deshalb kann man die beiden Räder R_2 und R_3 so zwischen die äußeren Räder einfügen, daß R_2 mit R_1 und R_3 mit R_4 einwandfrei im Eingriff sind.

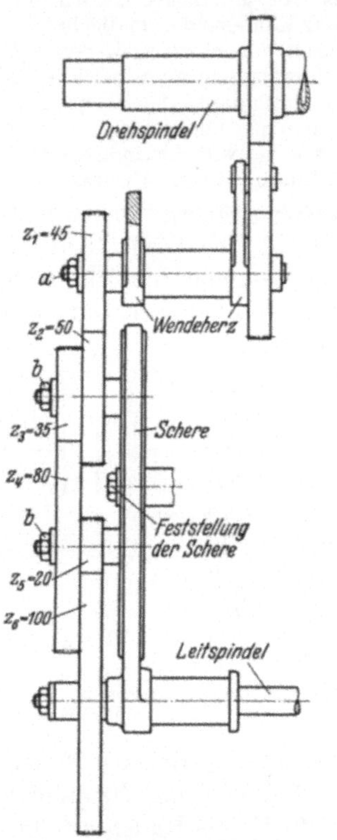

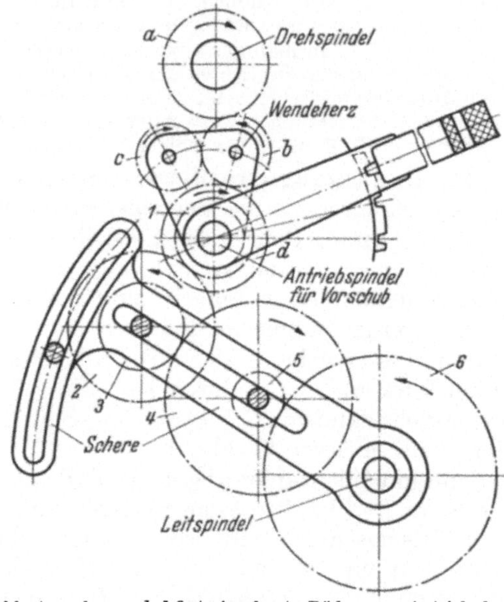

Abb. 3. *a* Antriebspindel für Vorschub; *b* Scherenbolzen.
Räderverhältnis von Drehspindel zu *a* gleich 1:1. Räderverhältnis der 6 Wechselräder

$$\frac{TR}{GR} = \frac{45 \cdot 35 \cdot 20}{50 \cdot 80 \cdot 100}$$

Abb. 4. *a*, *b*, *c* und *d* fest eingebaute Räder zum Antrieb der Antriebspindel für Vorschub. Räder *a* und *d* sind gleich groß, daher Übersetzung von Drehspindel zu Antriebspindel für Vorschub gleich 1:1. Das Wendeherz schaltet in Mittelstellung den Vorschubantrieb aus, in der unteren Stellung seine Drehrichtung um. Zu beachten ist, daß bei 6 Wechselrädern die Drehrichtung der Leitspindel bei gleicher Stellung des Wendeherzens entgegengesetzt ist wie bei 4 Wechselrädern, wenn Rad *5* und *6* mit dem zweiten Scherenbolzen abgenommen sind und Rad *4* auf der Leitspindel sitzt. Im neuzeitlichen Werkzeugmaschinenbau werden an Stelle des schwenkbaren Wendeherzens verschiebbare oder mit Kupplung versehene Räder auf fest eingebauten Spindeln bevorzugt, weil sie genauer ineinander greifen und dadurch ruhiger und genauer laufen (vgl. Abb. 8)

Abb. 3 u. 4. Schema des Vorschubantriebes einer Drehbank mit Wendeherz und Wechselräderschere mit 6 Wechselrädern

Will man mit 6 Wechselrädern arbeiten, so muß die Schere für die Aufnahme von zwei Scherenbolzen eingerichtet, also hinreichend lang sein (Abb. 3 u. 4).

Macht in Abb. 2 die Drehspindel n_D Umdrehungen, so ist die Drehzahl der Räder R_2 und R_3 gleich $\frac{30}{65} \cdot n_D$. Bezeichnen wir diese Drehzahl mit n', so erhalten wir als Drehzahl der Leitspindel $n_L = \frac{40}{120} \cdot n'$. In diese Gleichung können wir für n' den eben berechneten Wert $n' = \frac{30}{65} \cdot n_D$ einsetzen und erhalten: $n_L = \frac{40}{120} \cdot \frac{30}{65} \cdot n_D$ oder $\frac{30 \cdot 40}{65 \cdot 120} \cdot n_D$. Wir bringen n_D auf die linke Seite der Gleichung, indem wir rechts und links durch n_D teilen, und erhalten:

$$\frac{n_L}{n_D} = \frac{30 \cdot 40}{65 \cdot 120} \cdot$$

Die linke Seite der Gleichung ist der Kehrwert des Übersetzungsverhältnisses, denn dieses ist nach DIN 868 gleich $\frac{n_D}{n_L}$, und die rechte Seite ist das Räderverhältnis $\frac{TR}{GR}$. Der oben für 1 Räderpaar aufgestellte Grundsatz wird somit auch für den Fall bestätigt, daß 2 treibende und 2 getriebene Räder zusammen arbeiten, und dasselbe gilt auch für 6 Räder, also 3 treibende und 3 getriebene.

Den eben abgeleiteten Ausdruck, der für unsere weiteren Berechnungen wichtig ist, wollen wir in die Form einer allgemeinen Gleichung bringen, indem wir das Räderverhältnis mit $\frac{TR}{GR}$ und die Zähnezahlen der Räder mit z_1 bis z_4 bzw. bei 6 Rädern mit z_1 bis z_6 bezeichnen, wobei diejenigen mit ungerader Kennzahl (Index genannt), also z_1, z_3 und z_5, stets die treibenden und diejenigen mit gerader Kennzahl, also z_2, z_4 und z_6, stets die getriebenen Räder sein sollen. Wir erhalten die Gleichung:

$$\frac{1}{\text{Übersetzungsverhältnis}} = \text{Räderverhältnis } \frac{TR}{GR} = \frac{z_1 \cdot z_3 \cdot z_5}{z_2 \cdot z_4 \cdot z_6}. \tag{6}$$

Sind nur 4 Räder im Eingriff, so fallen z_5 und z_6 in der Gleichung fort.

Für unser Beispiel (Abb. 2) erhalten wir mit Gleichung (6):

$$\frac{TR}{GR} = \frac{30 \cdot 40}{65 \cdot 120} \quad \text{und wenn wir kürzen,} \quad \frac{TR}{GR} = \frac{30 \cdot 1}{65 \cdot 3} = \frac{10 \cdot 1}{65 \cdot 1} = \frac{2}{13}.$$

Bei 13 Umdr. der Drehspindel macht die Leitspindel 2 Umdr.

25. Das Zusammenbringen der Wechselräder. Nach Gl. (5) kann man für ein Räderpaar den Wellenabstand ausrechnen. In Abb. 2 muß der Abstand zwischen Drehspindel und Leitspindel durch zwei Räderpaare überbrückt werden. Bezeichnen wir diesen Abstand mit a und den Achsenabstand der beiden Räderpaare R_1/R_2 mit a_1 und R_3/R_4 mit a_2, so muß also $a_1 + a_2$ mindestens $= a$ sein. Für „mindestens $=$" schreibt man $\geqq$ (größer als oder gleich), also $a_1 + a_2 \geqq a$. Für a_1 und a_2 setzen wir nach Gl. (5) $\frac{m}{2} \cdot (z_1 + z_2)$ und $\frac{m}{2} \cdot (z_3 + z_4)$ und erhalten damit:

$$\frac{m}{2} \cdot (z_1 + z_2) + \frac{m}{2} \cdot (z_3 + z_4) \geqq a.$$

Da wir $\frac{m}{2}$ mit z_1, z_2, z_3 und z_4 malnehmen müssen, können wir die Zähnezahlen auch in einer Klammer zusammenfassen und endgültig schreiben:

$$\frac{m}{2} \cdot (z_1 + z_2 + z_3 + z_4) \geqq a \quad \text{oder} \quad z_1 + z_2 + z_3 + z_4 \geqq \frac{2 \cdot a}{m}. \tag{7}$$

Beispiel: $a = 300\,\text{mm}$, $m = 2{,}5\,\text{mm}$, $\frac{TR}{GR} = \frac{1}{4}$, 4 Räder.

Wir müssen den Bruch $\frac{1}{4}$ so erweitern, daß wir 4 hinreichend große Räder erhalten, denn nach Gl. (6) ist ja $\frac{TR}{GR} = \frac{z_1 \cdot z_3}{z_2 \cdot z_4}$. Dabei muß nach Gl. (7) $z_1 + z_2 + z_3 + z_4 \geqq \frac{2 \cdot 300}{2{,}5}$, also $\geqq 240$ sein. Wir erweitern:

$$\frac{TR}{GR} = \frac{1}{4} = \frac{12}{48} = \frac{4 \cdot 3}{6 \cdot 8} = \frac{40 \cdot 30}{60 \cdot 80}; \quad 40 + 60 + 30 + 80 = 210 \text{ ist noch zu klein.}$$

Wir erweitern auf $\frac{60 \cdot 30}{90 \cdot 80}$; $60 + 90 + 30 + 80 = 260 > 240$, also brauchbar.

Es fragt sich nun, ob wir die Räder in dieser Reihenfolge zusammenbringen können. Sonst müssen wir entweder die *treibenden* Räder *unter sich* oder die *getriebenen* Räder *unter sich* noch vertauschen. Das ist nach Abschn. 16 zulässig. In unserem Beispiel ist also:

$$\frac{TR}{GR} = \frac{60 \cdot 30}{90 \cdot 80} = \frac{30 \cdot 60}{90 \cdot 80} = \frac{30 \cdot 60}{80 \cdot 90} = \frac{60 \cdot 30}{80 \cdot 90}.$$

Auch in Abb. 2 könnten wir z. B. die beiden getriebenen Räder R_2 und R_4 mit einander vertauschen, aber man erkennt sofort, daß dann der Scherenbolzen näher an die Leitspindel herangerückt werden müßte und das 120er Rad an der Leitspindel nicht frei gehen würde, denn der Halbmesser des 120er Rades ist z. B. bei Modul 3 gleich $\frac{3}{2} \cdot 120 = 180$ mm und der Abstand zwischen Scherenbolzen und Leitspindel könnte nur $\frac{3}{2}(40 + 65) = 157{,}5$ mm betragen. Was hier für Modul 3 berechnet ist, gilt ebenso für andere Moduln.

Ordnen wir im Beispiel $\dfrac{z_1 \cdot z_3}{z_2 \cdot z_4} = \dfrac{60 \cdot 30}{90 \cdot 80}$, so wird bei Modul 2,5 der Abstand zwischen Scherenbolzen und Leitspindel $\dfrac{2{,}5}{2}(30 + 80) = 137{,}5$ mm, während der Halbmesser des zweiten Rades $\dfrac{2{,}5}{2} \cdot 90 = 112{,}5$ mm beträgt. Das ist der Teilkreishalbmesser. Die Zahnkopfhöhe kommt noch hinzu und die Leitspindel hat einen Halbmesser von vielleicht 20 mm, so daß nicht genügend Spiel zwischen Radzähnen und Leitspindel vorhanden sein wird. Ähnliche Schwierigkeiten können bei den ersten drei Rädern auftreten.

Regel: Die Wechselräder müssen so angeordnet werden, daß z_2 mindestens 25 Zähne kleiner ist als $(z_3 + z_4)$ und z_3 mindestens 25 Zähne kleiner als $(z_1 + z_2)$. Nach dieser Regel wählen wir für unser Beispiel als günstigste die Anordnung:

$$\frac{z_1 \cdot z_3}{z_2 \cdot z_4} = \frac{30 \cdot 60}{80 \cdot 90}.$$

Bei 6 Wechselrädern gilt obige Regel sinngemäß für die ersten und letzten 3 Räder. Das 2., 3., 4. und 5. Rad sind an der Schere angeordnet, davon das 3. und 4. miteinander im Eingriff (Abb. 3). Damit nun das 2. und 5. Rad voneinander freigehen, muß $(z_3 + z_4)$ um mindestens 5 Zähne größer sein als $(z_2 + z_5)$; z. B. $\dfrac{20 \cdot 35 \cdot 45}{80 \cdot 50 \cdot 100}$ unbrauchbar; $\dfrac{45 \cdot 35 \cdot 20}{50 \cdot 80 \cdot 100}$ (Abb. 3) brauchbar.

Aufgabe: In Wechselrädertabellen werden die Räder in der Reihenfolge z_1, z_2, z_3, z_4 angegeben. Unter Berücksichtigung der obigen Regel sind folgende Räder in eine brauchbare Reihenfolge zu bringen:

a) 50, 60, 120, 80 (Lösung: 120, 80, 50, 60); b) 20, 50, 125, 80;
c) 30, 60, 90, 120; d) 20, 75, 110, 90.

26. Gewindearten. Wenn sich ein Punkt an einem gleichförmig umlaufenden Zylinder mit ebenfalls gleichförmiger Geschwindigkeit parallel zur Achse des Zylinders bewegt, entsteht eine *Schraubenlinie* (Abb. 5). Die abgewickelte Schraubenlinie ist eine Gerade. Die Gänge eines Gewindes liegen in Form einer Schraubenlinie um den zylindrischen Kern des Werkstückes herum. Es gibt auch Schraubenlinien an kegelförmigen Grundkörpern und dementsprechend auch Kegelgewinde.

Der Querschnitt der Gewindegänge (das „Profil" des Gewindes) kann verschieden gestaltet sein: als Dreiecksform

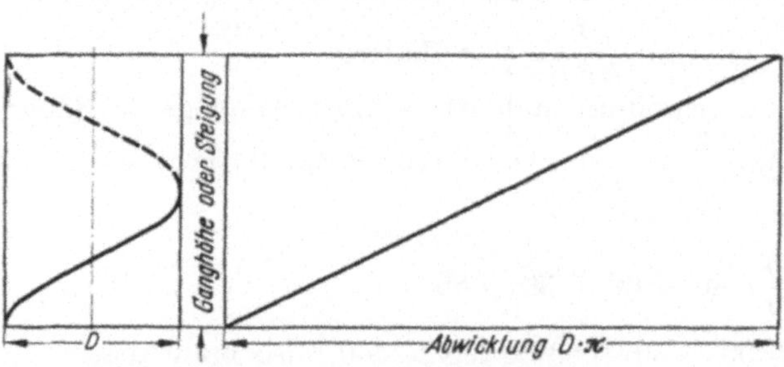

Abb. 5. Schraubenlinie, rechtsgängig

beim *Spitzgewinde* (z. B. Befestigungsschrauben), als Quadratform beim *Flachgewinde*, als Trapezform beim *Trapezgewinde* (z. B. Leitspindeln und Bewegungsspindeln an Werkzeugmaschinen) und andere.

Beim Herstellen der Gewinde durch Drehen, Fräsen oder Schleifen hängt die Ganghöhe oder besser die *Steigung* von dem Verhältnis der Vorschubgeschwindigkeit des Werkzeuges zur Umfangsgeschwindigkeit des Werkstückes ab. Das Gewinde kann *rechtsgängig* und *linksgängig*

Tabelle 2. *Umrechnung von Gewindesteigungen*

Nr.	Steigung gegeben in	Diese Steigung entspricht	Beispiele	
			Gegeben	Umgerechnet
1	mm	$\dfrac{25,4}{\text{mm}}$ Gg. a. 1''	6,5 mm	$\dfrac{25,4}{6,5}$ Gg. a. 1''
2	mm	$\dfrac{\text{mm}}{25,4}$ Zoll	1,5 mm	$\dfrac{1,5}{25,4}$ Zoll
3	mm	$\dfrac{\text{mm}}{\pi}$ Modul	12 mm	$\dfrac{12}{\pi}$ Modul
4	mm	$\dfrac{\pi\cdot25,4}{\text{mm}}$ Pitch	9 mm	$\dfrac{\pi\cdot25,4}{9}$ Pitch
5	Gang auf 1 Zoll	$\dfrac{25,4}{\text{Gg. a. }1''}$ mm	8 Gg. a. 1''	$\dfrac{25,4}{8}$ mm
6	Gang auf 1 Zoll	$\dfrac{1}{\text{Gg. a. }1''}$ Zoll	14 Gg. a. 1''	$\dfrac{1}{14}$ Zoll
7	Gang auf 1 Zoll	$\dfrac{25,4}{\pi\cdot\text{Gg. a.}1''}$ Modul	5 Gg. a. 1''	$\dfrac{25,4}{\pi\cdot5}$ Modul
8	Gang auf 1 Zoll	π mal Gg. a. 1'' Pitch	3 Gg. a. 1''	$\pi\cdot3$ Pitch
9	Zoll	Zoll mal 25,4 mm	$^3/_8$ Zoll	$\dfrac{3\cdot25,4}{8}$ mm
10	Zoll	$\dfrac{1}{\text{Zoll}}$ Gg. a. 1''	$1^5/_{16}$ Zoll	$\dfrac{16}{21}$ Gg. a. 1''
11	Zoll	$\dfrac{25,4\cdot\text{Zoll}}{\pi}$ Modul	$^3/_4$ Zoll	$\dfrac{25,4\cdot3}{\pi\cdot4}$ Modul
12	Zoll	$\dfrac{\pi}{\text{Zoll}}$ Pitch	$^7/_8$ Zoll	$\dfrac{\pi\cdot8}{7}$ Pitch
13	Modul	π mal Modul mm	7 Modul	$\pi\cdot7$ mm
14	Modul	$\dfrac{25,4}{\pi\cdot\text{Modul}}$ Gg. a. 1''	3 Modul	$\dfrac{25,4}{\pi\cdot3}$ Gg. a. 1''
15	Modul	$\dfrac{\pi\cdot\text{Modul}}{25,4}$ Zoll	9 Modul	$\dfrac{\pi\cdot9}{25,4}$ Zoll
16	Modul	$\dfrac{25,4}{\text{Modul}}$ Pitch	4,5 Modul	$\dfrac{25,4}{4,5}$ Pitch
17	Diametral Pitch	$\dfrac{\pi\cdot25,4}{\text{Pitch}}$ mm	4 Pitch	$\dfrac{\pi\cdot25,4}{4}$ mm
18	Diametral Pitch	$\dfrac{\text{Pitch}}{\pi}$ Gg. a. 1''	5 Pitch	$\dfrac{5}{\pi}$ Gg. a. 1''
19	Diametral Pitch	$\dfrac{\pi}{\text{Pitch}}$ Zoll	7 Pitch	$\dfrac{\pi}{7}$ Zoll
20	Diametral Pitch	$\dfrac{25,4}{\text{Pitch}}$ Modul	6 Pitch	$\dfrac{25,4}{6}$ Modul

Anmerkung: In England bzw. USA *gesetzlich* festgelegt: Bei 20° 1 Englischer Zoll = 25,399956 mm, 1 Amerikanischer Zoll = 25.400051 mm. Für *industrielle Messungen* haben der Britische Normenausschuß (BSJ) 1930 und der Amerikanische Normenausschuß (ASA) 1933 festgelegt, daß 1 Zoll = 25,4 mm zu setzen ist (vgl. das Deutsche Normblatt DIN 4890).

sein. Beim Herstellen linksgängiger Gewinde muß bei gleichbleibender Drehrichtung des Werkstückes die Vorschubbewegung des Werkzeuges umgekehrt werden.

In der Regel werden die Gewinde *eingängig* ausgeführt. Bewegungsgewinde, Schnecken und Fräser mit schraubig gewundenen Zähnen sind oft mehrgängig. Bei *mehrgängigem* Gewinde geht die Steigung jedes Ganges über die anderen Gänge hinweg. Den Abstand je zweier nebeneinander liegender Gänge bezeichnet man hier als *Teilung* (Abb. 6).

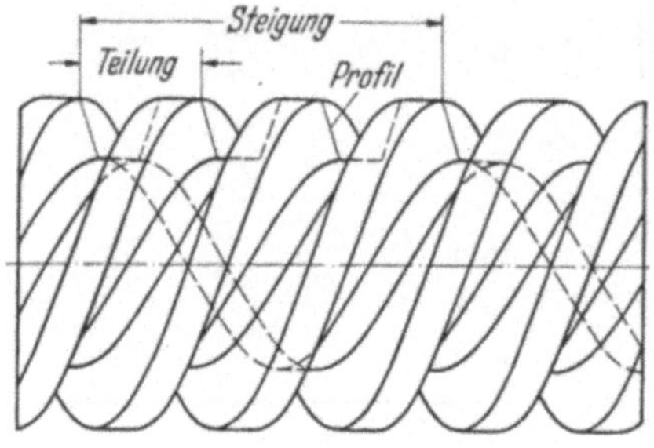

Abb. 6. Trapezgewinde: Dreigängige, linksgängige Schnecke

27. Gewindesteigungen. Für die Gewindesteigungen sind folgende Bemessungsarten gebräuchlich:

a) mm; mm-Gewindesteigungen sind in Deutschland und in verschiedenen anderen Ländern genormt.

b) Gang auf 1 Zoll, vor allem in England und den mit England wirtschaftlich verbundenen Ländern. Beispiel: 11 Gg. auf 1″ (″ = Zeichen für Zoll) sind eine Steigung von 25,4/11 mm. Allgemein gilt also: Steigung in mm = 25,4/Gg. auf 1″.

c) Zoll; grundsätzlich dasselbe wie bei b), denn z. B. 11 Gg. auf 1″ sind eine Steigung von $\frac{1}{11}$ Zoll. Umrechnung: Steigung in mm = Steigung in Zoll mal 25,4.

d) Modul, gebräuchlich für Schnecken, die mit Zahnrädern (Schneckenrädern) im Eingriff arbeiten sollen. Eine Schnecke für ein Schneckenrad, dessen Teilung nach den Zahnradnormen (s. Abschn. 22 u. 23) = Modul mal π ist, muß Gänge haben, deren Teilung ebenfalls = Modul mal π ist.

e) Diametral-Pitch (spr. Pitsch), wörtlich übersetzt: Durchmesser-Teilung, in Ländern mit Zoll-System gebräuchlich, z. B. bei Schnecken für Schneckenradantriebe: Steigung bei 1 Pitch = π Zoll, 2 Pitch = $\pi/2$ Zoll, 3 Pitch = $\pi/3$ Zoll usw. Wie sonst Gänge auf 1 Zoll rechnet man hier bei Pitch Gänge auf π Zoll und nennt *diese* Gänge dann Pitch. Umrechnung: Steigung in mm = $\pi \cdot 25,4$/Pitch.

Tabelle 2 dient zur Umrechnung der unter a) bis e) angegebenen Gewindesteigungen. — Es gibt außerdem noch den Circular-Pitch (Cp) = Umfangsteilung für Zahnräder in Zoll. Beispiel: Cp = $^1/_2$ entspricht Teilung = $^1/_2$ Zoll = 25,4/2 mm; diese Teilung entspricht Modul = $25,4/2 \cdot \pi = 8,09 \cdot ^1/_2$; also Umrechnung: Teilung in Modul = $8,09 \cdot$ Cp; Teilung in Cp = Modul/8,09. Ferner: Teilung in Diametral-Pitch = π/Cp; Teilung in Cp = π/Diametral-Pitch.

B. Berechnen von Wechselrädern für mm- und Zoll-Gewinde

28. Steigungs- und Räderverhältnis, Räderformel. An einer einfachen Aufgabe wollen wir das Wesen der Wechselräderberechnung kennen lernen: Die Leitspindel hat 8 mm Steigung, ein Gewinde von 2 mm Steigung soll geschnitten werden. Wir haben an der Drehbank auf zweierlei Verhältnisse zu achten, die zum Berechnen der Räder in Übereinstimmung gebracht werden:

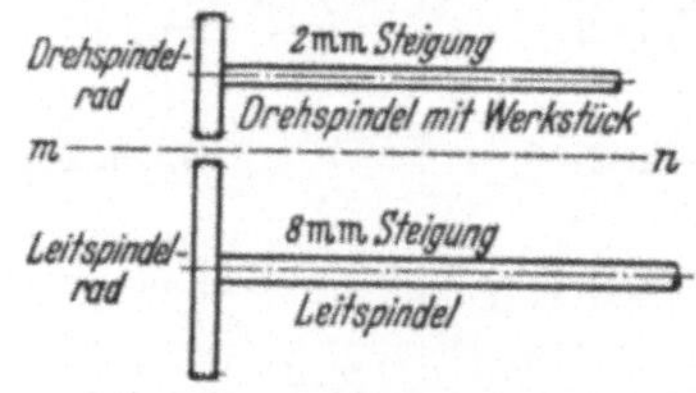

Abb. 7. Räderverhältnis gleich Steigungsverhältnis

a) Das Steigungsverhältnis: Werkstücksteigung zu Leitspindelsteigung, abgekürzt *WSt* : *LSt*.

Beim Aufstellen von Verhältnissen wollen wir stets mit der Drehspindel bzw. dem Werkstück beginnen.

Wie Abb. 7 zeigt, kann man die Drehbank gleichsam als Bruch oder Verhältnis auffassen. Die Drehspindel mit dem Werkstück gleicht, wenn wir den Bruchstrich $m\,n$ ziehen, dem Zähler, die Leitspindel dem Nenner; oder das Werkstück wird in dem Verhältnis zum Vorderglied, die Leitspindel zum Hinterglied. Das Steigungsverhältnis lautet also: $WSt:LSt = 2:8$, gekürzt $= 1:4$ (sprich WSt zu LSt gleich 1 zu 4).

b) Das Räderverhältnis: Treibende Räder zu getriebenen Rädern, abgekürzt $TR:GR$ (vgl. Abschn. 24). Wie die Überlegung lehrt, muß bei der in Abb. 7 gestellten Aufgabe die Drehspindel mit dem Werkstück 4mal so schnell umlaufen wie die Leitspindel, denn 4 Umdr. je 2 mm Steigg. gleich 1 Umdr. bei 8 mm Steigg. Folglich muß sie ein 4mal so kleines Rad erhalten. Stecken wir auf die Leitspindel ein Rad von 100 Zähnen, so muß das Drehspindelrad 25 Zähne haben. Also Drehspindelrad : Leitspindelrad $= 25:100$, gekürzt $= 1:4$ oder $TR:GR = 1:4$. Dieses Verhältnis bleibt unverändert, wenn wir zur Verbindung der beiden Räder mittels der Schere ein drittes Rad beliebiger Zähnezahl, nicht zu klein, also etwa 110 Zähne so zwischenschalten, daß es mit dem 25er und dem 100er Rad im Eingriff ist. Man kann auch zwei gleich große Räder auf den Scherenbolzen aufsetzen, von denen dann das eine mit dem 25er, das andere mit dem 100er Rad kämmt. Schließlich besteht noch die Möglichkeit, das Räderverhältnis 1:4 durch 4 verschiedene Räder zu verwirklichen (s. unter c).

Wir stellen nun fest, daß das Räderverhältnis dem Steigungsverhältnis gleicht. Beide haben den Wert 1:4, oder allgemein ausgedrückt:

$$TR:GR = WSt:LSt \quad \text{oder} \quad \frac{TR}{GR} = \frac{WSt}{LSt} \quad \text{(Räderformel für Steigungsverhältnis) (8)}$$

c) Ausrechnen der Räder: In jeder Aufgabe muß das Räderverhältnis gefunden werden. Dazu dient die Gleichung (8) als Räderformel, wenn die Steigung des zu schneidenden Gewindes (WSt) und die Steigung der Leitspindel (LSt) bekannt sind. Die Räder finden wir dann durch Erweitern des Räderverhältnisses oder durch Zerlegen in Faktoren und Erweitern (Abschn. 16). Für die zu wählenden Räder wollen wir den sog. 5er Satz als vorhanden annehmen, also Räder mit 20, 25, 30, 35 usw. bis 130 Zähnen, dazu ein 97er und ein 127er Rad.

Um nun das unter a) bzw. mit der Räderformel bestimmte Räderverhältnis $\frac{TR}{GR} = \frac{1}{4}$ mit 4 Rädern nach Abb. 2 (S. 23) auszuführen, erweitern wir den Bruch solange, bis wir geeignete Räder gefunden haben, also:

$$\frac{TR}{GR} = \frac{1}{4} = \frac{1 \cdot 1}{2 \cdot 2} = \frac{35 \cdot 60}{70 \cdot 120} = \frac{35 \cdot 90}{105 \cdot 120} = \frac{z_1 \cdot z_3}{z_2 \cdot z_4}.$$

Die Räder nicht zu klein wählen; große Räder arbeiten genauer und haben kleinere Zahndrücke. Für einen Achsenabstand zwischen Drehspindel und Leitspindel von 300 mm und Modul 2,5 muß nach Abschn. 25 die Summe der Zähne mindestens 240 sein. Wir haben hier $35 + 105 + 90 + 120 = 350$, also geeignet! Auch die Anordnungsregel nach Abschn. 25 ist erfüllt, denn $(90 + 120) = 210$ ist über 25 Zähne größer als 105 und ebenso $(35 + 105) = 140$ über 25 Zähne größer als 90.

d) Die folgende Probe ist *unerläßlich*! Sie gibt Gewißheit über Richtigkeit und Genauigkeit. Wir gehen von den errechneten Rädern aus, es wird sorgfältig gekürzt und dann muß das Ergebnis gleich dem Räderverhältnis sein.

Also $\frac{35 \cdot 90}{105 \cdot 120} = \frac{1 \cdot 3}{3 \cdot 4} = \frac{1}{4}$. Dadurch haben wir die 4 Räder gleichsam auf das ursprünglich berechnete Räderverhältnis zurückgeführt, die 1 entspricht den TR, die 4 den GR. Aus der Aufgabe ist uns die Steigung der Leitspindel $= 8$ mm bekannt, wir können eine Proportion (vgl. Abschn. 17) bilden, in der eine Größe, nämlich die zu schneidende Steigung, als unbekannt eingesetzt wird:

$$\begin{aligned} TR:GR &= WSt:LSt \\ 1:4 &= \;? \;\; : 8 \end{aligned} \quad ; \text{ gelöst } WSt = \frac{1 \cdot 8}{4} = 2 \text{ mm}.$$

Folglich stimmen die Wechselräder.

29. Die Leitspindel hat mm-Steigung. Grundsätzlich können uns hier 3 Aufgaben entgegentreten, nämlich das Schneiden von mm-Gewinde, Gewinde mit Angabe der Steigung in Gang auf 1 Zoll und Gewinde mit Angabe der Steigung in Zoll. Wir müssen im 2. und 3. Falle das Gewinde mit den Angaben der Tabelle 2 (S. 27) auf mm-Gewinde umrechnen, weil nur gleichnamige Größen durcheinander geteilt oder zueinander ins Verhältnis (Proportion) gesetzt werden können, und so diese beiden Fälle auf den ersten zurückführen. Die folgenden Beispiele mögen das zeigen.

1. Aufgabe: Leitsp. 6 mm Steig.; schneide 0,8 mm Steig.

$$\text{\textit{Lösung}:} \quad \frac{TR}{GR} = \frac{WSt}{LSt} = \frac{0,8}{6} = \frac{8}{60} = \frac{2}{15} = \frac{1\cdot2}{3\cdot5} = \frac{20\cdot60}{90\cdot100} = \frac{z_1\cdot z_3}{z_2\cdot z_4}.$$

$$\text{\textit{Probe}:} \quad \frac{20\cdot60}{90\cdot100} = \frac{1\cdot2}{3\cdot5} = \frac{2}{15} = \frac{TR}{GR}.$$

$$TR:GR = WSt:LSt \atop 2:15 = \ ?\ :\ 6 \ ; \quad WSt = \frac{2\cdot6}{15} = \frac{2\cdot2}{5} = \frac{4}{5} = 0,8 \text{ mm Steig.}$$

2. Aufgabe: Leitsp. 10 mm Steig.; schneide 11 Gg. a. 1″.

Lösung: Wir rechnen 11 Gg. a. 1″ in mm-Steig. um (Tabelle 2) und erhalten

$$WSt = \frac{25,4}{11}. \quad \text{Kürzung ist nicht möglich.}$$

$$\frac{TR}{GR} = \frac{WSt}{LSt} = \frac{25,4/11}{10} = \frac{25,4}{11\cdot10} = \frac{254}{110\cdot10} = \frac{127\cdot2}{110\cdot10} = \frac{127\cdot20}{100\cdot110} = \frac{z_1\cdot z_3}{z_2\cdot z_4}.$$

$$\text{\textit{Probe}:} \quad \frac{127\cdot20}{100\cdot110} = \frac{127\cdot1}{5\cdot110} = \frac{TR}{GR}.$$

$$TR:GR = WSt:LSt \atop 127:550 = \ ?\ :\ 10 \ ; \quad WSt = \frac{127\cdot10}{550} = \frac{25,4}{11} \text{ mm entspr. 11 Gg. a. 1″.}$$

3. Aufgabe: Leitsp. 8 mm Steig.; schneide $\frac{3}{16}$ Zoll Steig.

Lösung: Nach Tabelle 2 ist $\frac{3}{16}$ Zoll $= \frac{3}{16}\cdot25,4 = \frac{3\cdot254}{160} = \frac{3\cdot127}{80}$ mm.

$$\frac{TR}{GR} = \frac{WSt}{LSt} = \frac{3\cdot127}{80\cdot8} = \frac{45\cdot127}{80\cdot120} = \frac{127\cdot45}{80\cdot120} = \frac{z_1\cdot z_3}{z_2\cdot z_4}.$$

$$\text{\textit{Probe}:} \quad \frac{127\cdot45}{80\cdot120} = \frac{127\cdot9}{16\cdot120} = \frac{127\cdot3}{16\cdot40} = \frac{381}{640} = \frac{TR}{GR}.$$

$$TR:GR = WSt:LSt \atop 381:640 = \ ?\ :\ 8 \ ; \quad WSt = \frac{8\cdot381}{640} = \frac{381}{80} = \frac{3}{8}\cdot12,7 = \frac{3}{16}\cdot25,4 \text{ mm} = {}^3/_{16} \text{ Zoll.}$$

In der 2. und 3. Aufgabe ist das 127er Rad notwendig. Wäre es nicht vorhanden, so müßte man eine angenäherte Lösung suchen. Darüber später.

30. Die Leitspindel hat Gangsteigung. Vor der Einführung des mm-Gewindes wurden auch in Deutschland die Leitspindeln der Drehbänke meistens mit einer Steigung in Gängen auf 1 Zoll hergestellt. Auch wurden damals überhaupt die meisten Gewinde mit Gangsteigungen gefertigt. Hat man eine Drehbank mit Gangsteigung-Leitspindel vor sich, so kommen für die Wechselräderberechnung praktisch 3 Arten von Aufgaben in Frage.

a) Wenn ein Gewinde mit **G a n g**steigung geschnitten werden soll, dann ist es am einfachsten, das *Gangverhältnis* aufzustellen, d. h. das Verhältnis der Gangzahl auf 1″ des zu schneidenden Werkstückgewindes (WG) zur Gangzahl des Leitspindelgewindes (LG), also $\dfrac{\text{Werkst.-Gänge}}{\text{Leitsp.-Gänge}}$ oder $\dfrac{WG}{LG}$. Man muß in der weiteren Rechnung beachten, daß dieses der Kehrwert des Steigungsverhältnisses ist, also:

$$\frac{WG}{LG} = \frac{LSt}{WSt} \quad \text{oder} \quad \frac{WSt}{LSt} = \frac{LG}{WG} \quad \text{(Umrechnungsformel)} \tag{9}$$

Beweis: Leitsp. z. B. 3 Gg. a. 1″ entspricht $\frac{1}{3}$ Zoll Steig.; Werkstück = 14 Gg. a. 1″ entspricht $\frac{1}{14}$ Zoll Steig.;

$$\frac{WSt}{LSt} = \frac{1/14}{1/3} \ (\text{d. h. } \tfrac{1}{14} \text{ durch } \tfrac{1}{3}) = \frac{3}{14} = \frac{LG}{WG}\ , \ \text{folglich:}$$

$$\frac{TR}{GR} = \frac{LG}{WG} \quad \text{(Räderformel für Gangverhältnis)} \tag{10}$$

1. Aufgabe: Leitsp. 2 Gg.; schneide Gew. von 11 Gg.

Lösung: $\dfrac{TR}{GR} = \dfrac{LG}{WG} = \dfrac{2}{11} = \dfrac{1 \cdot 2}{1 \cdot 11} = \dfrac{80 \cdot 20}{80 \cdot 110} = \dfrac{25 \cdot 80}{100 \cdot 110} = \dfrac{z_1 \cdot z_3}{z_2 \cdot z_4}$.

Probe: $\dfrac{25 \cdot 80}{100 \cdot 110} = \dfrac{1 \cdot 8}{4 \cdot 11} = \dfrac{2}{11} = \dfrac{TR}{GR}$.

$$\begin{array}{l} TR : GR = LG : WG \\ \ 2\ :\ 11\ =\ \ 2\ :\ ? \end{array} ; \quad WG = \frac{2 \cdot 11}{2} = 11 \text{ Gg. a. 1″.}$$

b) Soll ein Gewinde mit Zollsteigung geschnitten werden, so können wir entweder diese Zollsteigung in Gangsteigung ausdrücken und dann mit dem Gangverhältnis rechnen wie in der 1. Aufg., oder wir drücken die Gangsteigung der Leitspindel in Zollsteigung aus und haben es dann mit einem Steigungsverhältnis zu tun. Wir müssen also in jedem Fall die beiden Gewinde, das zu schneidende und das der Leitspindel, gleichnamig machen, bevor wir sie ins Verhältnis zueinander bringen können.

2. Aufgabe: Leitsp. 3 Gg.; schneide Gew. von $^5/_{16}$ Zoll Steig.

Lösung 1: Wir drücken die Zollsteigung des zu schneidenden Gewindes in Gangsteigung aus, also:

$$WSt = {}^5/_{16} \text{ Zoll Steig. entspricht } WG = {}^{16}/_5 \text{ Gg. a. 1″;}$$

dann wird:

$$\frac{TR}{GR} = \frac{LG}{WG} = \frac{3}{16/5} = \frac{3 \cdot 5}{16} = \frac{5 \cdot 3}{2 \cdot 8} = \frac{50 \cdot 45}{30 \cdot 80} = \frac{75 \cdot 90}{60 \cdot 120} = \frac{z_1 \cdot z_3}{z_2 \cdot z_4}\ .$$

Probe: $\dfrac{75 \cdot 90}{60 \cdot 120} = \dfrac{5 \cdot 3}{4 \cdot 4} = \dfrac{15}{16} = \dfrac{TR}{GR}$.

$$\begin{array}{l} TR : GR = WSt : LSt \\ 15\ :\ 16\ =\ \ ?\ \ :\ \tfrac{1}{3}\ \text{Zoll} \end{array} ; \quad WSt = \frac{15 \cdot \tfrac{1}{3}}{16} = \tfrac{5}{16} \text{ Zoll Steig.}$$

Lösung 2: Wir machen die beiden Steigungsangaben dadurch gleichnamig, daß wir die Gewindegänge der Leitspindel in Zoll Steig. ausdrücken:

$$LG = 3 \text{ Gg. a. 1″ entsprechen } \tfrac{1}{3} \text{ Zoll Steig.} = LSt.$$

$$\frac{TR}{GR} = \frac{WSt}{LSt} = \frac{5/16}{1/3} = \frac{5 \cdot 3}{1 \cdot 16} = \frac{5 \cdot 3}{2 \cdot 8} \text{ usw. wie Lösung 1.}$$

c) Am häufigsten werden Gewinde mit Millimeter-Steigung zu schneiden sein. Auch dafür sind zwei Lösungen möglich: Gleichnamigmachen der beiden Gewindeangaben entweder durch Umrechnen der mm-Steigung des Werkstückes in Gg. a. 1″ oder durch Umrechnen der Leitspindelsteigung in mm-Steigung.

3. Aufgabe: Leitsp. 4 Gg. a. 1″; schneide Gew. von 1,75 mm-Steig.

Lösung: $LG = 4$ Gg. a. 1″ entspr. $\tfrac{1}{4}$ Zoll $= \dfrac{25{,}4}{4}$ mm Steig. $= LSt$; $WSt = 1{,}75$ mm.

$$\frac{TR}{GR} = \frac{WSt}{LSt} = \frac{1{,}75 \cdot 4}{25{,}4} = \frac{7}{25{,}4} = \frac{70}{254} = \frac{70 \cdot 10}{20 \cdot 127} = \frac{105 \cdot 40}{120 \cdot 127} = \frac{z_1 \cdot z_3}{z_2 \cdot z_4}\ .$$

Probe: $\dfrac{105 \cdot 40}{120 \cdot 127} = \dfrac{35}{127} = \dfrac{TR}{GR}$.

$$\begin{array}{l} TR : GR = WSt : LSt \\ 35\ :\ 127\ =\ \ ?\ \ :\ \dfrac{25{,}4}{4} \end{array} ; \quad WSt = \frac{35 \cdot 25{,}4}{127 \cdot 4} = \tfrac{35}{20} = 1{,}75 \text{ mm.}$$

Lösung 2: $LG = 4$ Gg. a. $1''$; $WSt = 1{,}75$ mm Steig. entspr. nach Tabelle 2
$WG = \dfrac{25{,}4}{1{,}75}$ Gg. a. $1''$. Wir müssen nun beachten, daß das Räderverhältnis nach Gl. (10) dem Kehrwert des Gangverhältnisses gleichzusetzen ist:

$$\frac{TR}{GR} = \frac{LG}{WG} = \frac{4 \cdot 1{,}75}{25{,}4} = \text{usw.,}$$

wie erste Lösung.

Auch diese Aufgabe zeigt wieder, daß ein 127er Rad nötig ist, wenn Zoll und mm zugleich bei den ins Verhältnis zu setzenden Steigungen vorkommen.

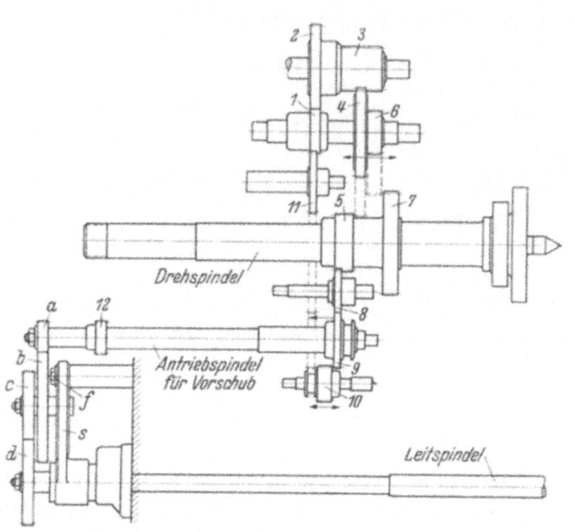

Abb. 8. Getriebeplan für den Vorschubantrieb einer Drehbank mit innerer Übersetzung. Nach Unterlagen der Firma *Ludwig Loewe & Co. A.G.*, Berlin

1 bis 7 Antriebsräder für die Drehspindel; 8 und 9 Vorschubantrieb für Rechtsdrehung der Leitspindel; 10 Zwischenrad für Linksdrehung, mit 8, 9 und 11 in Eingriff zu bringen; 11 Zwischenrad zum Vorschub für Steilgewinde, mit 9 unmittelbar oder über 10 (für Linksdrehung) in Eingriff zu bringen; 12 Antriebsrad für das fest eingebaute Vorschubgetriebe für mm-, Zoll- und Modulgewinde sowie Lang- und Querdrehen; *a, b, c* und *d* Wechselräder zum unmittelbaren Antrieb der Leitspindel; *s* Schere; *f* Feststellung der Schere.

Räderverhältnis der Drehspindel zur Antriebspindel für Vorschub:

I. Gewöhnliche Schaltung.

Zahnräder 5 — 8 — 9: $\dfrac{30}{23} \cdot \dfrac{23}{30} = 1 : 1$.

Schaltet man Rad 10 auf 8, indem man es nach rechts schiebt, und schiebt zugleich Rad 9 nach links, so daß es mit 10 im Eingriff bleibt, aus dem Eingriff mit 8 aber herauskommt, so ändert sich an dem berechneten Verhältnis nichts, jedoch die Drehrichtung von 9 und damit der Antriebspindel für Vorschub kehrt sich um.

II. Schaltung für Steilgewinde mit mittlerer Steigung.

Zahnräder 5 — 4 — 3 — 2 — 1 — 11 — 9: $\dfrac{30}{48} \cdot \dfrac{48}{23} \cdot \dfrac{46}{24} \cdot \dfrac{24}{32} \cdot \dfrac{32}{30} = 2 : 1$.

Hierbei ist Rad 9 ganz nach links geschoben zum Eingriff mit 11. Für Linksgang wird Rad 10 mit 11 zum Eingriff gebracht, während 9 zwischen 8 und 11 steht, mit 10 im Eingriff und von 8 frei ist.

III. Schaltung für Steilgewinde mit großer Steigung.

Zahnräder 7 — 6 — 4 — 3 — 2 — 1 — 11 — 9: $\dfrac{55}{22} \cdot \dfrac{48}{23} \cdot \dfrac{46}{24} \cdot \dfrac{24}{32} \cdot \dfrac{32}{30} = 8 : 1$.

Linksgang wie unter II.

Das Drehzahlverhältnis (Übersetzungsverhältnis) zu II und III ist also 1:2 und 1:8. Hat die Leitspindel z. B. 6 mm Steigung, so sind die Wechselräder *a, b, c* und *d* bei Schaltung II für eine Leitspindelsteigung von 12 mm und bei Schaltung III für 48 mm zu berechnen. Da die Zugspindel über dasselbe Rädergetriebe wie die Leitspindel angetrieben wird, kann man durch die Schaltungen II und III auch die Vorschübe beim Lang- u. Querdrehen auf das 2fache bzw. 8fache vergrößern.

Anmerkung zu den Zahnrädern 1 bis 7: Die Räder 1 bis 11 haben alle den gleichen Modul, z. B. $m = 3$ mm. Rechnet man die Wellenabstände aus dem Modul und den Zähnezahlen aus, so erscheint es unstimmig, daß für die Räder $(4 + 5)$ und $(6 + 7)$ trotz desselben Achsenabstandes die Summe der Zähnezahlen verschieden ist, nämlich 78 und 77. Ebenso ist es bei den Rädern $(1 + 2)$ und $(3 + 4)$, nämlich 70 und 71 Zähne. Diese Zähnezahlen sind notwendig, damit das Räderverhältnis die oben berechneten glatten Werte 2:1 und 8:1 erhält. Man gleicht die Abweichung an den Zahnrädern dadurch aus, daß man die Räder 1 und 6 im Durchmesser um 1 Modul = 3 mm größer macht und den Fräser beim Fräsen der Zähne um ½ Modul = 1,5 mm gegenüber einem normalen Rade der gleichen Zähnezahl abrückt. Die um 1 Zahn kleineren Räder haben nun denselben Achsenabstand wie die größeren.

C. Berechnen von Wechselrädern bei Drehbänken mit innerer Übersetzung

31. Maschinensteigung und -gänge statt Leitspindelsteigung und -gänge. In den Abb. 2 (S. 23) und 7 (S. 28) sitzt das erste Wechselrad unmittelbar auf der Drehspindel. Das ist eine vereinfachte Darstellung für die Berechnung der Wechselräder. In Wirklichkeit besitzen die Drehbänke eine besondere Antriebspindel für Vorschub mit einem Zapfen zum Aufstecken des ersten Wechselrades. Wie die Abb. 3, 4 u. 8 erkennen lassen, wird diese Spindel vom Hauptgetriebe der Drehbank aus durch fest eingebaute Zahnräder angetrieben, läuft aber in der Regel mit derselben Drehzahl wie die Drehspindel. In diesem Falle ist die Berechnung der Wechselräder dieselbe wie bisher. In vielen Fällen ist mit den Übertragungsrädern zugleich eine *Wendeeinrichtung* verbunden, z. B. ein sog. *Wendeherz* (Abb. 3 u. 4) oder ein durch Verschieben einzuschaltendes Zwischenrad (Abb. 8), um die Leitspindel rechts und links laufen lassen und Rechts- und Linksgewinde schneiden zu können. Bei dem in Abb. 8 dargestellten Getriebe ist diese Räderübersetzung noch dazu zum Schneiden großer Steigungen *umschaltbar*: Dafür sind zwei Schalthebel vorhanden (nicht gezeichnet); der eine schaltet Rechts- und Linksgewinde, der andere die Steigungen (I = Normalgewinde, II und III = Steilgewinde.)

Der Rechts- und Linkslauf hat auf die Wechselräderberechnung keinen Einfluß, aber eine Abweichung der Drehzahl der Antriebspindel für Vorschub von der Drehzahl der Drehspindel stellt eine zusätzliche Übersetzung dar, die wir berücksichtigen müssen. Man bezeichnet sie als *innere Übersetzung*. Wenn sie z. B. einem Räderverhältnis 3:4 entspricht und die Leitspindel mit einer Steigung von 12 mm versehen ist, würde bei einem Wechselräderverhältnis 1:1 ein Gewinde von $\frac{3}{4} \cdot 12 = 9$ mm Steigung geschnitten werden. Kann man beispielsweise zweitens für Steilgewinde die innere Übersetzung auf ein Räderverhältnis 10:3 umschalten, dann würde mit Wechselrädern 1:1 ein Gewinde von $\frac{10}{3} \cdot 12 = 40$ mm Steigung geschnitten werden. Für die Wechselräderberechnung ist es also so, als wenn die Leitspindel verschiedene Steigungen hätte. Diese „scheinbaren" Steigungen der Leitspindel, die durch die Bauart der Maschine unveränderlich festgelegt sind, wollen wir als *Maschinensteigung* bezeichnen (abgekürzt *MSt*). Wir können dann genau so mit *MSt* rechnen wie früher mit *LSt* (Leitspindelsteigung). Siehe auch die Angaben bei Abb. 8.

Die Frage ist nun, wie man die Größe der inneren Übersetzung bei einer gegebenen Drehbank *feststellen* kann. Dafür gibt es zwei Wege:

a) Man zählt die Zähnezahl der Getriebezahnräder nach, die an der oben beschriebenen inneren Übersetzung mitwirken, wie bei Abb. 8 geschehen, und rechnet damit aus, wie groß das Räderverhältnis zwischen Drehspindel und Leitspindel ist, wenn Wechselräder mit dem Verhältnis 1:1 aufgesteckt werden. Zur Sicherheit prüft man dann diese Rechnung nach, indem man ein Probegewinde schneidet und seine Steigung nachmißt.

b) Wenn die fest eingebauten Zahnräder schwer zugänglich sind, steckt man lediglich Wechselräder mit dem Räderverhältnis 1:1 auf und schneidet ein Probegewinde, dessen Steigung die Maschinensteigung angibt.

Das Probegewinde, das ja nur eine feine Schraubenlinie auf einem glatten zylindrischen Bolzen zu sein braucht, läßt dann genau erkennen, wie groß die Steigung ist und ob man eine Steigung in mm oder in Gang auf 1 Zoll vor sich hat. Statt ein Probegewinde zu schneiden, kann man auch nach Aufstecken von Wechselrädern 1:1 und Schließen des Leitspindelschlosses eine Anfangsstellung, z. B. an der aufgesetzten Planscheibe mit Kreidestrich kennzeichnen und dazu die Stellung des Werkzeugschlittens anmerken, darauf von Hand die Hauptspindel 10 mal drehen, die Verschiebung des Schlittens messen und dieses Maß durch 10 teilen. Dann hat man ebenfalls die Maschinensteigung, d. h. den Schlittenvorschub für eine Umdrehung der Drehspindel (Hauptspindel) bei Wechselrädern 1:1.

Die Maschinensteigung wird genau so in die Berechnung der Wechselräder eingesetzt, wie wir früher mit der Leitspindelsteigung getan haben. Wir werden daher weiterhin nur noch mit *Maschinensteigung* (kurz *MSt*) bzw., wenn es eine Gangsteigung ist, mit *Maschinengängen* (kurz *MG*) an Stelle von *LSt* und *LG* rechnen, wenn Wechselräder zu bestimmen sind. Die früher entwickelten Gebrauchsformeln (8), (9) und (10) erhalten also nunmehr die Form:

Allgemeine Räderformel für *Steigungsverhältnisse*: $\qquad \dfrac{TR}{GR} = \dfrac{WSt}{MSt}$. $\qquad$ (11)

Umrechnung von Steigungs- und Gangverhältnissen: $\qquad \dfrac{WSt}{MSt} = \dfrac{MG}{WG}$. $\qquad$ (12)

Allgemeine Räderformel für *Gangverhältnisse*: $\qquad \dfrac{TR}{GR} = \dfrac{MG}{WG}$. $\qquad$ (13)

Übungsbeispiele. In der Tabelle 3 sind einige Aufgaben zur Berechnung von Wechselrädern gestellt worden und dann nur die Zähnezahlen der ausgerechneten Wechselräder, nicht aber der Rechnungsgang angegeben. Es wird empfohlen, zur Übung diese Wechselräder mit Hilfe der Formel (11) bzw. (13) auszurechnen und dann mit denen der Tabelle zu vergleichen.

Wenn sich dabei Unterschiede ergeben, braucht kein Fehler vorzuliegen, vielmehr kann man ja dasselbe Radverhältnis, z.B. $^2/_3$, sowohl durch 40 zu 60 als auch durch 50 zu 75 oder durch 80 zu 120 Zähne verwirklichen. Die Tabelle läßt gut erkennen, wann das 127er Rad benötigt wird. Ist es nicht vorhanden, so können die betreffenden Aufgaben nur mit Annäherung gelöst werden. Darüber später (Abschn. 35).

Tabelle 3. *Beispiele von Wechselrädern zum Gewindeschneiden.*

Werkstückgewinde		Maschine $MSt = 6$ mm				Maschine $MG = 4$ Gg. a. 1″			
		Wechselräder				Wechselräder			
		z_1	z_2	z_3	z_4	z_1	z_2	z_3	z_4
Steigungen mm	0,25	25	100	20	120	20	100	25	127
	0,35	25	125	35	120	20	100	35	127
	0,5	25	100	40	120	40	120	30	127
	0,75	25	100	60	120	30	90	45	127
	1,0	30	90	60	120	50	100	40	127
	1,5	50	100	60	120	30	—	—	127
	2,0	80	60	30	120	40	—	—	127
	3,0	60	—	—	120	60	—	—	127
	4,0	80	—	—	120	80	—	—	127
	6,0	80	40	60	120	90	45	60	127
Gänge auf 1 Zoll	3	127	45	40	80	90	45	80	120
	4	127	30	25	100	90	45	60	120
	5	127	60	40	100	80	50	60	120
	6	127	60	30	90	80	60	55	110
	7	127	60	20	70	80	35	30	120
	8	127	60	20	80	75	50	40	120
	9	127	60	20	90	50	75	80	120
	10	127	75	25	100	90	45	20	100
	11	127	60	20	110	35	70	80	110
	12	127	60	20	120	50	75	60	120
	14	127	65	20	120	40	70	60	120
	16	127	80	20	120	40	80	50	100
	18	127	90	20	120	30	90	80	120
	19	127	95	20	120	40	95	60	120
	20	127	100	20	120	30	75	60	120

D. Wechselräder für Modul- und Pitch-Steigungen

32. Etwas über Genauigkeiten. Modul- und Pitchsteigungen sind stets Zahlenwerte, die durch Malnehmen mit dem Faktor π berechnet werden (Abschn. 27). Daher muß die Steigung und bei mehrgängigen Schnecken die Teilung der Zahnteilung entsprechen (vgl. Abb. 6), und diese ist nach Abschn. 22 stets ein Vielfaches von π. Nun ist aber $\pi = 3,14159265 \ldots$ eine Zahl, die sich nicht kürzen und auch nicht in eine andere ganze Zahl, wie sie als Zähnezahl in Frage kommen könnte, ohne Rest teilen läßt. Runden wir aber obige Zahl und setzen dafür z.B. 3,14 in die Räderberechnung ein, so überträgt sich der Fehler auch auf das gefertigte Gewinde der Schnecke, während bei der Teilung der Zähne des Zahnrades von selbst der genaue Wert von π berücksichtigt wird. Aus diesen Gründen hat man sich bemüht, statt 3,14 genauere Werte zu finden, von denen nachstehend einige Beispiele angegeben werden. (Ausführliches darüber siehe im Werkstattbuch, Heft 4: MAYER, Wechselräderberechnungen.)

Die Zahl 3,14 hat den Vorteil, daß man sie in $\dfrac{2 \cdot 157}{100}$ zerlegen und durch ein 157er Rad verwirklichen kann. Der dabei gegenüber dem mathematischen Wert

von π entstehende Fehler beträgt ($\pi = $ rd. 3,14159 gesetzt) $\dfrac{3,14159 - 3,14}{3,14159} = \dfrac{0,00159}{3,14159} =$
$= $ rd. $0,0005 = \dfrac{0,5}{1000} = 0,5\,{}^0\!/_{00}$ (spr. promille). Die Zahl 3,14 ist also um $0,5{}^0\!/_{00}$ oder $0,05\%$ zu klein. Dieser Fehler ist aber für Schneckengetriebe zu groß. Ein 157er Rad zu verwenden, wird daher nicht empfohlen. Einige andere Werte für π sind: $\frac{22}{7} = 3,1428571$; rd. $0,4{}^0\!/_{00}$ größer als π, also auch noch ungenau, aber mit Rädern des normalen 5er Satzes (s. S. 29) zu verwirklichen.

$\dfrac{19 \cdot 21}{127} = 3,1417322$; rd. $0,04{}^0\!/_{00}$ zu groß, erfordert ein Sonderrad mit 127 Zähnen.

$\dfrac{8 \cdot 97}{13 \cdot 19} = 3,1417004$; rd. $0,03{}^0\!/_{00}$ größer als π, erfordert ein 97er Rad.

$\dfrac{5 \cdot 71}{113} = 3,1415929$; nur rd. $0,0006\,{}^0\!/_{00}$ größer als π, erfordert aber Sonderräder mit 71 und 113 Zähnen.

In den folgenden Übungsaufgaben werden die Genauigkeiten noch näher erläutert.

33. Die Maschinensteigung ist in mm gegeben.

1. Aufgabe: Masch.-Steig. $= 16$ mm; Werkstück soll Modulgew. mit $8 \cdot \pi$ mm erhalten.

Lösung: $MSt = 16$ mm; $WSt = 8 \cdot \pi$ mm.

$\dfrac{TR}{GR} = \dfrac{WSt}{MSt} = \dfrac{8 \cdot \pi}{16}$; um zu einem Zahlenverhältnis zu kommen, das für die Wechselräderberechnung geeignet ist, setzen wir für π den Annäherungswert 22/7 ein, um kein Sonderrad zu verwenden.

$$\frac{TR}{GR} = \frac{8 \cdot 22}{16 \cdot 7} = \frac{80 \cdot 110}{80 \cdot 70} = \frac{120 \cdot 110}{80 \cdot 105} = \frac{z_1 \cdot z_3}{z_2 \cdot z_4}.$$

Probe: $\dfrac{120 \cdot 110}{80 \cdot 105} = \dfrac{22}{2 \cdot 7} = \dfrac{TR}{GR}$; darin $\frac{22}{7} = \pi$, also $\dfrac{TR}{GR} = \dfrac{\pi}{2}$.

$$\begin{array}{c} TR : GR = WSt : MSt \\ \pi \;\; : \;\; 2 \;\; = \;\; ? \;\; : \;\; 16 \end{array}; \quad WSt = \frac{\pi \cdot 16}{2} = 8 \cdot \pi \text{ mm.}$$

Wie oben dargelegt wurde, ist 22/7 um rd. $0,4\%$ größer als π, folglich ist auch die hergestellte Steigung um $0,4\%$ zu groß. Das sind $\dfrac{0,4 \cdot 8 \cdot \pi}{1000} = $ rd. $0,01$ mm für einen Gang der gefertigten Schnecke, ein Fehler, der bei den heutigen Genauigkeitsanforderungen in der Werkstatt schon zu Schwierigkeiten führen kann.

2. Aufgabe: Masch.-Steig. $= 12$ mm; Werkstück $=$ Schnecke mit 4 Pitch Steigung.

Lösung: Wir rechnen die Steigung des Werkstückes in mm um: 4 Pitch entsprechen nach Tabelle 2 einer Steigung von $\dfrac{\pi \cdot 25,4}{4}$ mm. Für π wollen wir hier $\dfrac{19 \cdot 21}{127}$ einsetzen, also $WSt = \dfrac{19 \cdot 21 \cdot 25,4}{127 \cdot 4}$ mm. Dann wird:

$$\frac{TR}{GR} = \frac{WSt}{MSt} = \frac{19 \cdot 21 \cdot 25,4}{127 \cdot 4 \cdot 12} = \frac{19 \cdot 21 \cdot 127}{127 \cdot 20 \cdot 12} = \frac{95 \cdot 105}{100 \cdot 60} = \frac{z_1 \cdot z_3}{z_2 \cdot z_4}.$$

Probe: $\dfrac{95 \cdot 105}{100 \cdot 60} = \dfrac{19 \cdot 21 \cdot 127}{127 \cdot 20 \cdot 12} = \dfrac{19 \cdot 21}{127} \cdot \dfrac{25,4}{4 \cdot 12} = \dfrac{TR}{GR}$; darin ist $\dfrac{19 \cdot 21}{127} = \pi$, also $\dfrac{TR}{GR} = \dfrac{\pi \cdot 25,4}{4 \cdot 12}$.

$$\begin{array}{c} TR : GR = WSt : MSt \\ \pi \cdot 25,4 : 4 \cdot 12 = ? : 12 \end{array}; \quad WSt = \frac{\pi \cdot 25,4 \cdot 12}{4 \cdot 12} = \frac{\pi \cdot 25,4}{4} \text{ mm.}$$

Die Steigung eines Ganges dieser Schnecke würde um $\dfrac{0,04 \cdot \pi \cdot 25,4}{1000 \cdot 4} = $ rd. $0,0008$ mm zu groß sein.

34. Maschinensteigung ist Gangsteigung.

1. Aufgabe: Masch.-Steig. entspr. $^7/_8$ Gang auf $1''$; Werkstück soll Modulsteigung von $8 \cdot \pi$ mm erhalten.

Lösung: Wir können die beiden Steigungen gleichnamig machen, indem wir die Werkstücksteigung in Gang auf $1''$ oder indem wir die Maschinensteigung in mm-Steigung umrechnen. Das Ergebnis muß in beiden Fällen dasselbe sein. In Gang auf $1''$ ausgedrückt, erhalten wir nach Tabelle 2 für das Werkstück $WG = \dfrac{25,4}{8 \cdot \pi}$ und damit, da $MG = {}^7/_8$,

$$\frac{TR}{GR} = \frac{MG}{WG} = \frac{7 \cdot 8 \cdot \pi}{8 \cdot 25,4} = \frac{7 \cdot \pi}{25,4}.$$

Rechnen wir die Maschinensteigung in mm um, so erhalten wir $MSt = 25{,}4 \cdot \frac{8}{7}$ mm und damit

$$\frac{TR}{GR} = \frac{WSt}{MSt} = \frac{8 \cdot \pi \cdot 7}{25{,}4 \cdot 8} = \frac{7 \cdot \pi}{25{,}4}\,, \text{ wie vorher.}$$

Für π wollen wir jetzt den Wert $\frac{8 \cdot 97}{13 \cdot 19}$ einsetzen, weil wir dabei eine große Genauigkeit bekommen (s. Abschn. 32). Wir benötigen dann außer dem 127er noch ein Sonderrad von 97 Zähnen.

$$\frac{TR}{GR} = \frac{7 \cdot 8 \cdot 97}{25{,}4 \cdot 13 \cdot 19} = \frac{7 \cdot 8 \cdot 10 \cdot 97}{13 \cdot 19 \cdot 2 \cdot 127} = \frac{35 \cdot 4 \cdot 50 \cdot 97}{65 \cdot 95 \cdot 127} = \frac{70 \cdot 100 \cdot 97}{65 \cdot 95 \cdot 127} = \frac{z_1 \cdot z_3 \cdot z_5}{z_2 \cdot z_4 \cdot z_6}\,.$$

Wir haben hier 6 Räder ausrechnen müssen, weil das Räderverhältnis mit 4 Wechselrädern nicht zu verwirklichen ist (vgl. Gl. (6), Abschn. 24). Die Schere der Drehbank muß 4 Räder aufnehmen können.

$$\textit{Probe: } \frac{70 \cdot 100 \cdot 97}{65 \cdot 95 \cdot 127} = \frac{20 \cdot 14 \cdot 97}{19 \cdot 13 \cdot 127} = \frac{5 \cdot 7}{127} \cdot \frac{8 \cdot 97}{13 \cdot 19} = \frac{TR}{GR}\,. \text{ Für } \frac{8 \cdot 97}{13 \cdot 19} \text{ können wir wieder } \pi$$

setzen, also $\frac{TR}{GR} = \frac{5 \cdot 7 \cdot \pi}{127}$.

$$TR : GR = WSt : MSt$$
$$5 \cdot 7 \cdot \pi : 127 = \quad ? \quad : \frac{25{,}4 \cdot 8}{7}\,; \quad WSt = \frac{5 \cdot 7 \cdot \pi \cdot 25{,}4 \cdot 8}{127 \cdot 7} = 8 \cdot \pi \text{ mm.}$$

2. Aufgabe: Masch.-Steig. entspricht $^7/_8$ Gg. auf $1''$, Werkstück soll eine Steigung entsprechend 4 Pitch erhalten.

Lösung: Die Pitch-Steigung ist eine Zollsteigung (s. Tabelle 2). Wir können also die beiden Steigungen gleichnamig machen, indem wir sie beide entweder in Gang auf $1''$ oder in Zoll ausdrücken. Auch hier muß das Ergebnis dann in beiden Fällen dasselbe sein.

Nach Tabelle 2 erhalten wir bei der Umrechnung der Steigung von 4 Pitch des Werkstückes in Gänge: $WG = \frac{4}{\pi}$ Gg. a. $1''$, während MG ja mit $^7/_8$ Gg. gegeben ist. Folglich:

$$\frac{TR}{GR} = \frac{MG}{WG} = \frac{7 \cdot \pi}{8 \cdot 4}\,.$$

Im anderen Falle lassen wir die Werkstücksteigung $WSt = \frac{\pi}{4}$ Zoll unverändert und drücken die Maschinensteigung ebenfalls in Zoll aus. Es entsprechen $^7/_8$ Gg. a. $1''$ einer Steigung von $MSt = \frac{8}{7}$ Zoll. Somit wird $\frac{TR}{GR} = \frac{WSt}{MSt} = \frac{\pi \cdot 7}{4 \cdot 8}$, wie oben. Für π wollen wir den günstigsten Annäherungswert $\frac{5 \cdot 71}{113}$ mit einem Fehler von nur $0{,}0006^0/_{00}$ einsetzen:

$$\frac{TR}{GR} = \frac{\pi \cdot 7}{4 \cdot 8} = \frac{5 \cdot 71 \cdot 7}{113 \cdot 4 \cdot 8} = \frac{75 \cdot 71 \cdot 70}{113 \cdot 60 \cdot 80} = \frac{75 \cdot 71 \cdot 70}{60 \cdot 80 \cdot 113} = \frac{z_1 \cdot z_3 \cdot z_5}{z_2 \cdot z_4 \cdot z_6}\,.$$

$$\textit{Probe: } \frac{75 \cdot 71 \cdot 70}{60 \cdot 80 \cdot 113} = \frac{5 \cdot 71 \cdot 7}{113 \cdot 4 \cdot 8} = \frac{\pi \cdot 7}{4 \cdot 8} = \frac{TR}{GR}\,, \text{ wenn wir } \frac{5 \cdot 71}{113} \text{ durch } \pi \text{ ersetzen.}$$

$$TR : GR = WSt : MSt$$
$$\pi \cdot 7 : 4 \cdot 8 = \quad ? \quad : \tfrac{8}{7} \text{ Zoll}\,; \quad WSt = \frac{\pi \cdot 7 \cdot 8}{4 \cdot 8 \cdot 7} = \frac{\pi}{4} \text{ Zoll.}$$

E. Schwierigere Fälle von Wechselradberechnungen

35. Notwendigkeit von Näherungswerten. Schon in den letzten Abschnitten haben wir bei den Modul- und Pitchsteigungen gesehen, daß es notwendig ist, für π einen angenäherten Wert einzusetzen, weil sonst keine Wechselräder damit berechnet werden können. Ähnliche Schwierigkeiten treten auf, wenn bei Aufgaben wie in Tabelle 3 das 127er Rad fehlt. In diesem Falle kann man sich helfen, indem man anstelle von 25,4 z. B. den Wert $\frac{40 \cdot 40}{7 \cdot 9} = 25{,}396825$ einsetzt, der um $0{,}125^0/_{00}$ kleiner ist als 25,4. Auch sonst kann es vorkommen, daß ein notwendiges Sonderrad für eine bestimmte Aufgabe fehlt, oder auch, daß ein Wechselrad beschädigt und dadurch unbrauchbar geworden ist. Man ist dann gezwungen, eine praktisch brauchbare Annäherungslösung zu finden.

Es gibt noch andere Fälle. Bekanntlich dehnen sich die Metalle bei Erwärmung aus und schrumpfen bei Abkühlung. Für das Messen in der Werkstatt ist deshalb in den deutschen Normen eine sog. Bezugstemperatur von 20° Celsius festgesetzt worden; d. h. bei dieser Temperatur müssen die gefertigten Werkstücke maßhaltig sein. Wenn zwischen Herstellungs- und Gebrauchstemperatur ein Unterschied besteht, muß bei einem Präzisionsteil die Wärmedehnung berücksichtigt werden und man erhält für die Berechnung der Wechselräder schwierige Steigungsverhältnisse. Erschwerend kommt mitunter noch hinzu, daß dabei von mm auf Zoll umgerechnet werden muß. Die Längendehnung beim Erwärmen von Stahl beträgt 1,1 mm für 1 m Länge und 100° Temp.-Unterschied, bei Aluminium unter gleichen Verhältnissen 2,38 mm.

Werden Werkstücke (z. B. Gewindebohrer, Zahnrad-Fräser) später gehärtet und sollen sie nach dem Härten genauestes Maß aufweisen, so muß man die durch das Härten verursachte Schrumpfung berücksichtigen. Sie beträgt für Werkzeugstahl $1,575^0/_{00}$, die Steigung für ein Gewinde muß daher um dieses Maß größer geschnitten werden: Z. B. statt einer Steigung von

$$1,5 \text{ mm sind} \left(1,5 + 1,5 \cdot \frac{1,575}{1000}\right) \text{mm zu schneiden, das sind } 1,5 + 0,00236 = 1,50236 \text{ mm. Soll}$$

diese Steigung auf einer Drehbank von 6 mm Maschinensteigung geschnitten werden, so ergibt

$$\text{sich ein Steigungsverhältnis } \frac{WSt}{MSt} = \frac{1,50236}{6} = \frac{150236}{600000} \text{ . Zähler und Nenner dieses Bruches kann}$$

man zwar durch 4 kürzen, aber eine Zerlegung der gekürzten Zahlen zwecks Bestimmung der Zähnezahlen von Wechselrädern ist beim Zähler auch dann noch nicht möglich. Man muß also einen zur Berechnung von Wechselrädern geeigneten Näherungswert für den Bruch suchen. Dafür gibt es drei Verfahren, die hier besprochen werden sollen.

36. Kettenbruchrechnung.

1. Aufgabe: Gegeben ist ein Steigungsverhältnis $\frac{WSt}{MSt} = \frac{587}{379}$. Da dieser Bruch nicht zu kürzen ist, muß er in ein angenähertes Verhältnis umgewandelt werden.

Bei der *Lösung* mittels Kettenbruchrechnung geht man folgendermaßen vor:

$$587:379 = 1 + \frac{208}{379} = {}_a 1 + \cfrac{1}{\frac{379:208}{\underset{171}{208}}} = 1 + \frac{171}{208} = {}_b 1 + \cfrac{1}{\frac{208:171}{\underset{37}{171}}} = 1 + \frac{37}{171} =$$

$$= {}_c 1 + \cfrac{1}{\frac{171:37}{\underset{23}{148}}} = 4 + \frac{23}{37} = {}_d 4 + \cfrac{1}{37:23} = 1 + \frac{14}{23} = {}_e 1 + \cfrac{1}{23:14} = 1 + \frac{9}{14} = {}_f 1 + \cfrac{1}{14:9} =$$

$$= 1 + \frac{5}{9} = {}_g 1 + \cfrac{1}{9:5} = 1 + \frac{4}{5} = {}_h 1 + \cfrac{1}{5:4} = {}_i 1 + \frac{1}{4} .$$

Das Wesen der Kettenbruchrechnung besteht also darin, daß der Rest jeweils als Bruch hingeschrieben und dann unter dem Bruchstrich, wobei sich der Bruch umkehrt, weiter dividiert wird. Die Kette sieht so aus:

		I	II	III	IV
$587:379 = {}_a 1 + 1$	. . . .	587	127	48	17
${}_b 1 + 1$	. . . .	379	82	31	11
${}_c 1 + 1$	. . . .	208	45	17	6
${}_d 4 + 1$	. . . . . .	171	37	14	5
${}_e 1 + 1$	. . . . .	37	8	3	1
${}_f 1 + 1$	. . . .	23	5	2	
${}_g 1 + 1$	. . .	14	3	1	
${}_h 1 + 1$	.	9	2		
${}_i 1 + 1$		5	1		
$\frac{}{4}$		4			

Die beigefügten Buchstaben a bis i verweisen auf die obige Ausrechnung. Wir fangen nun von unten an und gehen die Kette zurück und zwar in der *Kolonne I* mit der letzten Zahl 4 beginnend. Diese Kolonne dient nur der Nachprüfung, ob die Kette richtig ist. Also bei i: $1 + 1/4 = 5/4$; bei h: $1 + \frac{1}{5/4} = 1 + 4/5 = 9/5$; bei g: $1 + 5/9 = 14/9$ usw.; bei d steht die Zahl 4, deshalb erhalten wir hier $4 \cdot 37 + 23 = 171$. *Kolonne II* ist die erste Annäherung, denn wir haben bei i das $1/4$ vernachlässigt. Das Verhältnis $127:82$ ist durch Wechselräder zu verwirklichen, man benötigt allerdings ein 127er und ein 41er oder 82er Rad. *Kolonne III* vernachlässigt die hinter g folgenden Kettenglieder. Das Verhältnis erfordert immerhin noch ein Sonderrad mit 31 Zähnen. *Kolonne IV* schließlich ergibt unter Vernachlässigung der hinter e folgenden Glieder ein sehr einfaches Verhältnis 17:11. Wir wollen nun die durch die Vereinfachung entstehenden Fehler der Annäherungswerte ausrechnen.

$$587:379 = 1{,}548\,812\,93 \ldots = \text{rd. } 1{,}548\,813$$

$$127:\ 82 = 1{,}548\,780;\ \text{ zu klein um } 0{,}000\,033 \text{ entspr. } \frac{0{,}000\,033}{1{,}548\,813} = \text{rd. } 0{,}02\,{}^0\!/_{00}$$

$$48:\ 31 = 1{,}548\,387;\ \text{ zu klein um } 0{,}000\,426 \text{ entspr. } \frac{0{,}000\,426}{1{,}548\,813} = \text{rd. } 0{,}3\ {}^0\!/_{00}$$

$$17:\ 11 = 1{,}545\,454;\ \text{ zu klein um } 0{,}003\,36 \ \text{ entspr. } \frac{0{,}003\,36}{1{,}548\,813} = \text{rd. } 2\ \ {}^0\!/_{00}$$

Zu beachten ist, daß in diesem Beispiel jede Stufe der Vereinfachung einen um eine Zehnerstufe größeren Fehler mit sich bringt.

    2. *Aufgabe*: Für das im Abschn. 35 aufgestellte Steigungsverhältnis ist mittels Kettenbruchrechnung ein geeignetes Räderverhältnis zu bestimmen.

    Lösung: $WSt:MSt = 150\,236:600\,000$.

$$150236:600000 = {}_a0 + \cfrac{1}{\begin{array}{l}600\,000:150\,236 = {}_b3 + \cfrac{1}{\begin{array}{l}150\,236:149\,292 = {}_c1 + \cfrac{1}{149\,292:944 =}\\[2pt] \overline{149\,292}\\ \overline{944}\end{array}}\\[2pt] \underline{450\,708}\\ \overline{149\,292}\end{array}}$$

$$= {}_d158 + \cfrac{1}{944:140 = {}_e6 + \cfrac{1}{140:104 = {}_f1 + \cfrac{1}{104:36 = {}_g2 + \cfrac{1}{36:32 = {}_h1 + \cfrac{1}{32:4 = 8}}}}}$$

Wir schreiben die Kette nochmal hin:

		I	II	III	IV
$150236:600000 = {}_a0 + \dfrac{1}{}$	. . . .	37 559	1113	955	159
${}_b3 + \dfrac{1}{}$	. . . .	150 000	4445	3814	635
${}_c1 + \dfrac{1}{}$	. . . .	37 559	1113	955	159
${}_d158 + \dfrac{1}{}$	. . . . .	37 323	1106	949	158
${}_e6 + \dfrac{1}{}$	. . .	236	7	6	
${}_f1 + \dfrac{1}{}$	. .	35	1		
${}_g2 + \dfrac{1}{}$	.	26			
${}_h1 + \dfrac{1}{}$		9			
8		8			

    Die Kolonnen I bis IV sind von unten nach oben in gleicher Weise berechnet worden wie in der vorigen Aufgabe. Kolonne I dient als Probe, sie gibt die Kürzung durch 4 wieder, Kolonne II und III sind durch Räder nicht genau zu verwirklichen, Kolonne IV gibt die Lösung, erfordert aber ein 127er und ein 53er Rad, wobei folgende Genauigkeit erreicht wird:

$$1{,}50236:6 = 0{,}250\,393\,33$$
$$159:635\ \ = 0{,}250\,393\,70;\ \text{ zu groß um } 0{,}000\,000\,37,\ \text{entspr.}$$
$$\frac{0{,}000\,000\,37}{0{,}250\,393\,33} = \frac{0{,}000\,003\,7}{2{,}503\,933\,3} = 0{,}0015\,{}^0\!/_{00}.\ \text{ Der Fehler ist sehr klein!}$$

Dieses Beispiel läßt sehr schön erkennen, welche Bedeutung es hat, wenn in einer Kette eine große Zahl, hier 158, vorkommt. Alles, was in der Kette nach 158 noch folgt, ist weniger als 1/6, im Verhältnis zu 158 also sehr wenig!

    37. Näherungsrechnung mit Faktorentafel. Dieses Verfahren ist nicht so mühsam wie die Kettenbruchrechnung, es geht auch schneller. Die Genauigkeit der Ergebnisse ist ausgezeichnet. Man braucht allerdings dafür die im Werkstattbuch Heft 4 enthaltene Faktorentafel [1]. Seiner Bedeutung wegen soll auf das Verfahren hier ausdrücklich hingewiesen werden. Es ergibt z.B. für die beiden Aufgaben aus Abschn. 36 folgende Räderverhältnisse:

$$1.\ \textit{Aufgabe}:\ \frac{z_1 \cdot z_3 \cdot z_5}{z_2 \cdot z_4 \cdot z_6} = \frac{110 \cdot 110 \cdot 80}{50 \cdot 100 \cdot 125};\ \text{ Fehler gegenüber } \tfrac{587}{379}\ \text{nur } 0{,}008\,{}^0\!/_{00}.$$

$$2.\ \textit{Aufgabe}:\ \frac{z_1 \cdot z_3 \cdot z_5}{z_2 \cdot z_4 \cdot z_6} = \frac{55 \cdot 85 \cdot 85}{115 \cdot 120 \cdot 115};\ \text{ Fehler gegenüber } \frac{1{,}50236}{6}\ \text{nur } 0{,}002\,{}^0\!/_{00}.$$

---

[1] Werkstattbuch, Heft 4: MAYER, Wechselräderberechnung, enthält eine Faktorentafel, in der die Zahlen von 1 bis 10000 in ihre kleinsten Faktoren zerlegt sind.

In beiden Lösungen werden zwar 6 Wechselräder, aber keine Sonderräder benötigt. Das Rechnen mit der Faktorentafel ist sehr anpassungsfähig, man kann dabei auf vorhandene Wechselräder Rücksicht nehmen.

38. Näherungsrechnung mit Rechenschieber. Der Rechenschieber wird an späterer Stelle (Abschn. 48) noch besprochen. Seine Verwendung für die Näherungsrechnung ist sehr einfach und darin liegt die Bedeutung dieses Verfahrens, das allerdings nur für 3-stellige, höchstens 4-stellige Zahlen angewendet werden kann und auch nur eine Genauigkeit in der Größenordnung von $1^0/_{00}$ ergibt.

Zur Erläuterung stelle man mit der Zunge des Rechenschiebers die Zahl 700 auf die Zahl 800, bzw. 7 auf 8, was ja dasselbe ist. Damit haben wir das Verhältnis 800/700 eingestellt und können nun alle anderen Zahlenverhältnisse, die denselben Wert haben wie 8/7, sofort ablesen, z. B. 760/665, 600/525, 40/35, 24/21, 96/84 usw. Zur Erprobung sei das Verfahren auf einige aus den vorherigen Abschnitten schon bekannte Aufgaben angewendet.

1. Aufgabe: Dieselbe wie die 1. Aufgabe Abschn. 36.

Lösung: $\dfrac{TR}{GR} = \dfrac{587}{379}$; wir stellen dieses Verhältnis auf dem Rechenschieber ein und lesen dann ab; dabei finden wir außer den schon aus der Kettenbruchrechnung bekannten Verhältnissen noch 65/42, das sich offenbar sehr gut durch Wechselräder ausführen läßt.

Probe auf Genauigkeit: $587:379 = 1{,}548813$; $65:42 = 1{,}547619$; dieser Betrag ist um $0{,}001194$ zu klein, das sind $\dfrac{0{,}001194}{1{,}548813} = $ rd. $0{,}0008$ oder $0{,}8^0/_{00}$, für die Einfachheit des Verfahrens ein recht gutes Ergebnis. Mit der Faktorentafel hatten wir eine Lösung mit 6 Wechselrädern gefunden, deren Fehler nur 1/100 so groß ist.

2. Aufgabe: Für das Verhältnis 757/191 sollen geeignete Wechselräder bestimmt werden.

Lösung: $\dfrac{TR}{GR} = \dfrac{757}{191}$; nach Einstellung dieses Verhältnisses lesen wir auf dem Rechenschieber ab:

115/29; 210/53; 250/63; 480/121 usw. Diese 4 Werte wollen wir auf ihre Genauigkeit hin prüfen:

Genauwert $= 757:191 = 3{,}96335$.

$\quad$ $115:29 = 3{,}96552$; zu groß um $0{,}00217$ entspr. $0{,}6^0/_{00}$; 29er Rad nötig.
$\quad$ $210:53 = 3{,}96226$; zu klein um $0{,}00109$ entspr. $0{,}3^0/_{00}$; 53er Rad nötig.
$\quad$ $250:63 = 3{,}96825$; zu groß um $0{,}0049$ entspr. $1{,}3^0/_{00}$; 5er Satz reicht.
$\quad$ $480:121 = 3{,}96694$; zu groß um $0{,}0036$ entspr. $0{,}9^0/_{00}$; 5er Satz reicht.

Auch dieses Beispiel zeigt, daß man die Näherungsrechnung mit dem Rechenschieber ausführen kann, wenn erstens das zu verwirklichende Verhältnis in nicht mehr als dreistelligen Zahlen gegeben ist und zweitens eine Genauigkeit in der Größenordnung von rd. $1^0/_{00}$ ausreicht.

F. Vorschubschaltgetriebe für Drehbänke

Auf einer Leitspindeldrehbank kann man, wie in früheren Abschnitten besprochen, mit Hilfe von Wechselrädern alle praktisch vorkommenden Gewinde schneiden, aber das Berechnen, Auswählen und Aufstecken der Wechselräder erfordert eine gewisse Zeit, auch sind Irrtümer möglich. Deshalb erhalten die neuzeitlichen Drehbänke meist Vorschubgetriebe, mit denen man ohne Umstecken von Wechselrädern die gebräuchlichsten Gewinde schneiden kann. Jedoch wird die Wechselradschere auch hier beibehalten, sowohl für etwa vorkommende ungewöhnliche Steigungen als auch für gewisse Umstellungen, z. B. von mm- auf Gangsteigungen oder von diesen auf Modul- und Pitch-Steigungen. Dafür sind dann ganz bestimmte Wechselräder vorgesehen und in der Bedienungsanleitung für die Maschine angegeben.

39. Der Aufbau des Vorschubantriebes. Der Vorschubantrieb für das Gewindeschneiden wird, wie in den Abb. 2, 3 und 8 bereits gezeigt wurde, über Zahnräder vom Hauptgetriebe abgenommen. Dort ist auch in der Regel die *Wendeeinrichtung* für Rechts- und Linksgewinde vorgesehen und ebenso die etwaige *Schaltung für Steilgewinde* (z. B. Abb. 8). Aus dem Hauptgetriebe leitet die Antriebspindel für Vorschub die Bewegungen über die *Wechselradschere* zum eigentlichen Vorschubschaltgetriebe, das in einem besonderen Getriebekasten untergebracht ist, weiter.

Die Abb. 9 stellt schematisch ein *Vorschubschaltgetriebe* dar. Für die Wechselradschere oben links (siehe auch Abb. 10) sind zwei Satz Wechselräder, wie angegeben, vorgesehen. Im eigentlichen Getriebekasten finden wir dann ein Vervielfältigungsgetriebe, eine Umschaltung

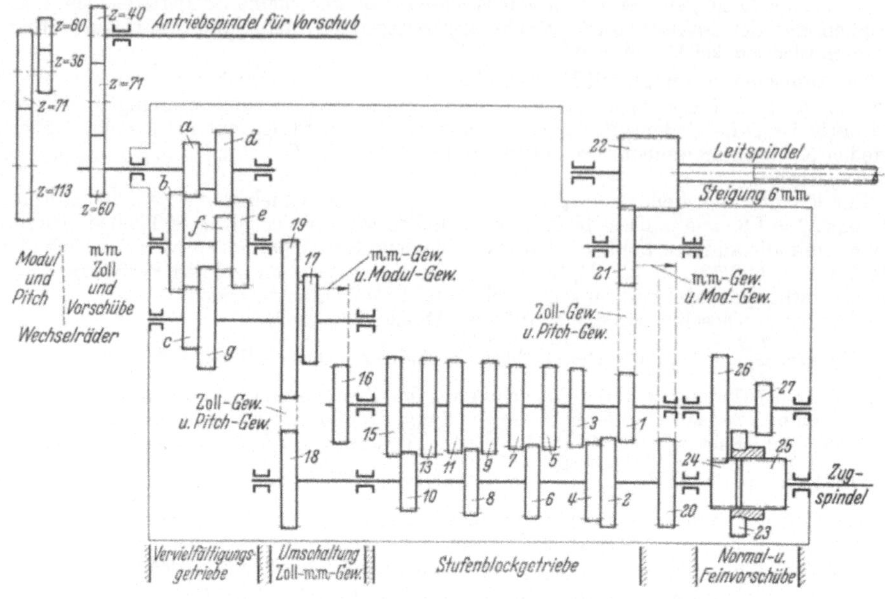

Abb. 9.   Getriebeplan für das Vorschubrädergetriebe einer *Schaerer*-Drehbank

Nach Unterlagen der Firma *Industrie-Werke Karlsruhe* (IWK). Das Vervielfältigungsgetriebe mit den Rädern *a* bis *g* hat 4 Schaltstufen (vgl. Tabelle 5), Rad 19 (127 Zähne) treibt beim Schneiden von Zoll-Gewinden das Stufenblockgetriebe über Rad 18 an. Für mm-Gewinde werden der Räderblock 17/19 und Rad 21 nach rechts verschoben, so daß Rad 17 mit 16 und Rad 20 mit 21 zum Eingriff kommen. Rad 23 dient für Normalvorschübe als Überschiebekupplung, es wird bei Feinvorschüben nach rechts verschoben, kuppelt sich aus und kommt zum Eingriff mit Rad 27

für Gang- und mm-Steigungen, ein Stufenblockgetriebe und schließlich noch außer dem Übergang zur Leitspindel eine Umschaltung für Normal- und Feinvorschübe, denn dasselbe Schaltgetriebe wird bei gewöhnlichen Dreharbeiten zum Antrieb der Zugspindel für Lang- und Quervorschübe verwendet.

a) Das Stufenblockgetriebe ist der eigentliche Kern des Vorschubkastens (Abb. 9). Durch Verschieben können die Räder 2, 4, 6, 8 und 10 sinngemäß mit den Rädern 1, 3, 5, 7, 9, 11, 13, 15, in Eingriff gebracht werden. Die Räder 5 und 7, 9 und 11, 13 und 15 haben paarweise den gleichen Durchmesser aber verschiedene Zähnezahl, wie schon in der Unterschrift der Abb. 8 für die Räder 1 und 6 beschrieben wurde. So kann man mit diesem Stufenblockgetriebe 8 verschiedene Übersetzungen einschalten.

Bei manchen Drehbank-Bauarten wird statt eines Stufenblockgetriebes

Abb. 10. Blick auf die Antriebsseite einer
Schaerer-Drehbank (IWK)

Der Riemen kommt vom Antriebsmotor im Fuß der Drehbank. Zu erkennen sind ferner das Ende der Hauptspindel (Drehspindel) und die Schere; die Wechselräder haben 40, 71 und 60 Zähne entsprechend Abb. 9

das seit Jahrzehnten bekannte Norton-Getriebe (Abb. 11) verwendet, das mit einer verhältnismäßig geringen Räderzahl viele Übersetzungen ermöglicht; in dem Beispiel der schematischen Abb. 11 sind es 10. Die Abb. 12 läßt den Handgriff der Norton-Schwinge und die Löcher für den Raststift deutlich erkennen.

b) Wenn auch das Stufenblockgetriebe und das Norton-Getriebe beide durch Einbau einer größeren Zahl von Rädern auf größere Stufenzahlen gebracht werden können, so würden diese doch nicht ausreichen, um damit z. B. die genormten mm- oder Gang-Steigungen zu schalten. Deshalb nimmt man ein sogenanntes Vervielfältigungsgetriebe zu Hilfe, wie es z. B. mit 4 Stufen in Abb. 9 schematisch angegeben ist. Man bekommt dadurch für das Getriebe dieser Abbildung zu jeder Gewindeart $4 \cdot 8 = 32$ Schaltungen. Wenn man ein 4-stufiges Vervielfältigungsgetriebe mit dem 10-stufigen Norton-Getriebe Abb. 11 verbindet, erhält man sogar $4 \cdot 10 = 40$ Schaltungen.

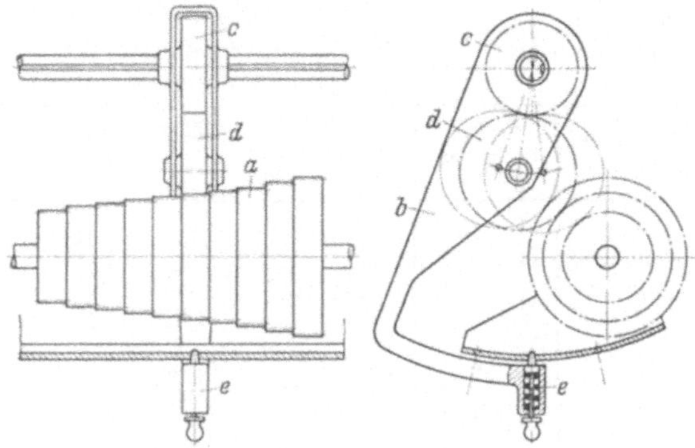

Abb. 11. Schema für ein Norton-Getriebe.

a Räderkegel (Zähnezahlen der einzelnen Räder des Kegels siehe Tabelle 4); *b* Norton-Schwinge; *c* Gegenrad zum Räderkegel, mit Federkeil auf genuteter Welle verschiebbar; *d* Zwischenrad zwischen *a* und *c*; *e* Handgriff am Hebelende der Norton-Schwinge mit Raststift

c) Um nicht immer auf das Umstecken von Wechselrädern angewiesen zu sein, ordnet man für die Umstellung von mm- auf Gang-Steigungen zweckmäßig ein Umschaltgetriebe an, zumal dieses, wie sich gleich zeigen wird, noch eine zweite wichtige Aufgabe zu erfüllen hat.

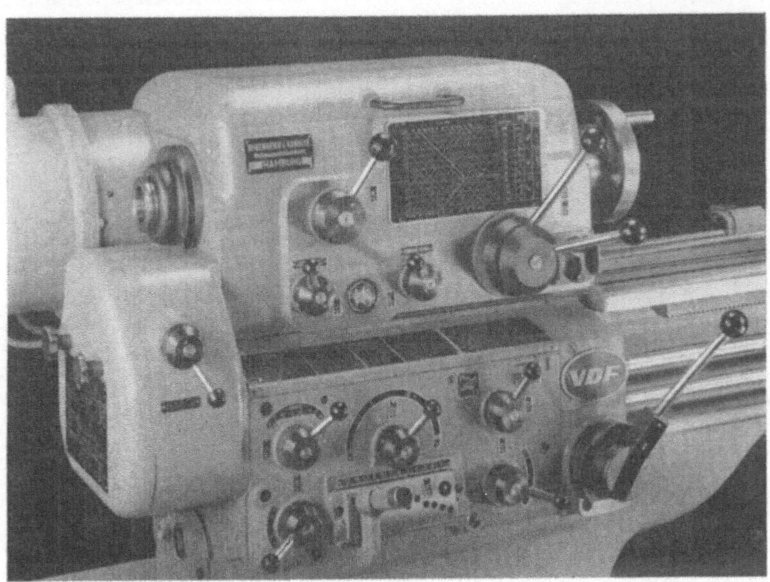

Abb. 12. Bedienungsseite einer VDF-Drehbank (*Vereinigte Drehbank-Fabriken, Heidenreich & Harbeck*, Hamburg)

Man erkennt unten den Handgriff der Norton-Schwinge und einige der Löcher für den Raststift, oben das Schild mit dem doppeltlogarithmischen Schnittgeschwindigkeitsschaubild (vgl. Abb. 27 und Abschn. 52)

Beim mm-Gewinde geben wir die Steigung unmittelbar in mm an, beim Zollgewinde dagegen wird die Anzahl Gänge auf 1 Zoll, d. h. der Kehrwert der Steigung angegeben. Die Tabelle 4 ist als Beispiel für ein 10-stufiges Norton-Getriebe nach Abb. 11 mit 4-stufigem Vervielfältigungsgetriebe berechnet worden. Sie gibt in ihrer oberen Hälfte die damit zu schaltenden mm-Steigungen an. Dabei sind einige Zwischenwerte, die praktisch doch nicht vorkommen, in das Feld nicht eingetragen worden, wie man ja auch auf den an den Maschinen angebrachten Gebrauchstafeln solche leere Felder vorfindet.

Tabelle 4. *Steigungen, die mit einem 10-stufigen Norton-Getriebe (Abb. 11) und einem zusätzlichen 4-stufigen Vervielfältigungsgetriebe geschaltet werden können, bei Umschaltung einmal auf mm-Steigung, dann auf Gang-Steigung (Zoll-Gewinde).*

Werkstück-gewinde	Verviel-fältigungs-getriebe		Zähnezahlen der Räder des Norton-Räderkegels									
			32	36	38	40	42	44	46	48	52	56
mm-Stei-gungen	I	1:4	0,5	—	—	0,625	—	—	—	0,75	—	0,875
	II	1:2	1,0	1,125	—	1,25	—	1,375	—	1,5	1,625	1,75
	III	1:1	2,0	2,25	—	2,5	—	2,75	—	3,0	3,25	3,5
	IV	2:1	4,0	4,5	4,75	5,0	5,25	5,5	5,75	6,0	6,5	7,0
Gänge auf 1 Zoll	IV	2:1	2	$2^1/_4$	$2^3/_8$	$2^1/_2$	$2^5/_8$	$2^3/_4$	$2^7/_8$	3	$3^1/_4$	$3^1/_2$
	III	1:1	4	$4^1/_2$	$4^3/_4$	5	$5^1/_4$	$5^1/_2$	$5^3/_4$	6	$6^1/_2$	7
	II	1:2	8	9	$9^1/_2$	10	$10^1/_2$	11	$11^1/_2$	12	13	14
	I	1:4	16	18	19	20	21	22	23	24	26	28

Wie man sieht, nehmen in jeder Zeile die mm-Steigungen im gleichen Verhältnis wie die Zähnezahlen des Räderkegels zu. Für jede einzelne Zeile wird nur die Norton-Schwinge weitergestellt, dagegen benutzt man zum Übergang von einer Zeile zur andern das Vervielfältigungsgetriebe. Nun zeigt unsere Formel 8 (Abschn. 28) bzw. Formel 11 (Abschn. 31), daß die treibenden Räder und die Werkstücksteigung, die man schneiden will, beide *über* dem Bruchstrich stehen. Da die mm-Steigung im selben Verhältnis zunehmen oder abnehmen soll wie die Zähnezahlen des Räderkegels, müssen diese Räder demnach *treibende* Räder sein.

Tabelle 5. *Gewindesteigungen, die mit einem Getriebe nach dem Getriebeplan Abb. 9 geschnitten werden können.*

Werkstück-gewinde	Vervielfältigungs-getriebe		Räderverhältnisse im Stufenblockgetriebe							
			z_1/z_2	z_3/z_4	z_5/z_6	z_7/z_6	z_9/z_8	z_{11}/z_8	z_{13}/z_{10}	z_{15}/z_{10}
mm-Steigungen	I	1:4	0,5	—	—	0,625	—	0,75	—	0,875
	II	1:2	1,0	—	—	1,25	—	1,5	—	1,75
	III	1:1	2,0	2,25	—	2,5	2,75	3,0	3,25	3,5
	IV	2:1	4,0	4,5	4,75	5,0	5,5	6,0	6,5	7,0
Modul-Steigungen	I	1:4	0,25	—	—	—	—	—	—	—
	II	1:2	0,5	—	—	—	—	0,75	—	—
	III	1:1	1,0	—	—	1,25	—	1,5	—	1,75
	IV	2:1	2,0	2,25	2,375	2,5	2,75	3,0	3,25	3,5
			z_2/z_1	z_4/z_3	z_6/z_5	z_6/z_7	z_8/z_9	z_8/z_{11}	z_{10}/z_{13}	z_{10}/z_{15}
Gänge auf 1 Zoll	IV	2:1	4	$4^1/_2$	$4^3/_4$	5	$5^1/_2$	6	$6^1/_2$	7
	III	1:1	8	9	$9^1/_2$	10	11	12	13	14
	II	1:2	16	18	19	20	22	24	26	28
	I	1:4	32	36	38	40	44	48	52	56
Diametral-Pitch	IV	2:1	8	9	$9^1/_2$	10	11	12	13	14
	III	1:1	16	18	19	20	22	24	26	28
	II	1:2	32	36	38	40	44	48	52	56
	I	1:4	64	72	76	80	88	96	104	112

Anmerkung: Bei Steilgewindeschaltung auf das 2- bzw. 8fache sind die mm- und Modul-Steigungen mit 2 bzw. 8 malzunehmen, dagegen die Gänge auf 1 Zoll und die Diametral-Pitch durch 2 bzw. 8 zu teilen. Bei Schaltung auf das 2fache gelten also die mm-Steigungen der Tabelle als Modul-Steigungen und die Gänge auf 1 Zoll als Diametral-Pitch.

Bei den Gang-Steigungen des Zoll-Gewindes nehmen, wie der untere Teil der Tabelle 4 erkennen läßt, in jeder Zeile die Gangzahlen im selben Verhältnis zu oder ab wie die Zähnezahlen des Räderkegels. In den Formeln 10 (Abschn. 28) und 13 (Abschn. 31) stehen die Gangzahlen des zu schneidenden Werkstückgewindes *unter* dem Bruchstrich, ebenso wie die getriebenen Zahnräder. Folglich müssen in diesem Falle die Räder des Räderkegels beim Norton-Getriebe *getriebene* Räder sein.

Was soeben für das Norton-Getriebe nachgewiesen wurde, gilt sinngemäß für jedes Vorschubgetriebe, wie z. B. auch in Abb. 9 zu erkennen ist. Bei der in diesem Schema gezeichneten Stellung des Umschaltgetriebes wird Gang-Steigung für Zollgewinde geschnitten. Dabei sind die Räder 2, 4, 6, 8, 10 treibende und die Räder 1, 3, 5, 7, 9, 11, 13, 15 getriebene Räder. Zum Schneiden von mm-Steigungen werden der Räderblock 17—19 und Rad 21 nach rechts verschoben. Dabei ändert sich die Übersetzung im Umschaltgetriebe entsprechend mm und Zoll (127er Rad) und außerdem die Kraftrichtung im Stufenblockgetriebe: Die Räder 1, 3, 5, 7, 9, 11, 13, 15 sind jetzt treibende und 2, 4, 6, 8, 10 getriebene Räder (siehe Tabelle 5).

40. Die Umstellung auf Modul- und Pitch-Steigungen (vgl. Abschn. 27) ist dadurch gegeben, daß die Modulsteigung das π-fache der mm-Steigung und die Pitchsteigung das π-fache der Zoll-Steigung ist. Teilt man die in Abb. 9 angegebenen Wechselräder für Modul- und Pitch-Steigungen durch diejenigen für mm- und Gang-Steigungen, so erhält man die beim Aufstecken der Wechselräder für Modul und Pitch entstehende Änderung des Räderverhältnisses:

$$\frac{60}{36} \cdot \frac{71}{113} : \frac{40}{71} \cdot \frac{71}{60} = \frac{60}{36} \cdot \frac{71}{113} \cdot \frac{60}{40} = \frac{60 \cdot 71 \cdot 60}{36 \cdot 113 \cdot 40} = 1{,}5707964\ldots$$

Das Doppelte dieser Zahl ist $3{,}141592\ldots = \pi$ auf 6 Stellen genau. Also erhält man mit dieser Wechselradeinstellung beim Gewindeschneiden Steigungen, die das $\pi/2$-fache der mm- oder Zollsteigungen betragen. Bei den mm-Werten der Tabelle braucht man also nur durch 2 zu dividieren und hat dann die Moduln. Tabelle 5 ergibt daher die Moduln 0,25 bis 3,5. An die Stelle der Tabellenwerte, die Gänge auf 1 Zoll angeben, tritt ebenfalls die $\pi/2$-fache Steigung. Nun sind aber Gänge der Kehrwert von Steigung. Müßten wir mit π malnehmen, so blieben die Zahlen der Tabelle für Gänge auf 1 Zoll stehen und wären als Pitch zu benennen. Da wir jedoch nur mit $\pi/2$ malnehmen müssen, werden die Steigungen nur halb, die Zahlen für Pitch demnach doppelt so groß.

III. Berechnungen beim Kegeldrehen[1]
A. Allgemeines über Winkel, Dreieck, Kegel

41. Der Tangens. Zwei Linien können mit überall gleichem Abstand nebeneinander gezeichnet sein: man sagt dann, sie laufen parallel (Abb. 13).

Zwei Linien können auch so nebeneinander herlaufen, daß sie sich bei genügender Verlängerung schneiden (Abb. 14). Tref-

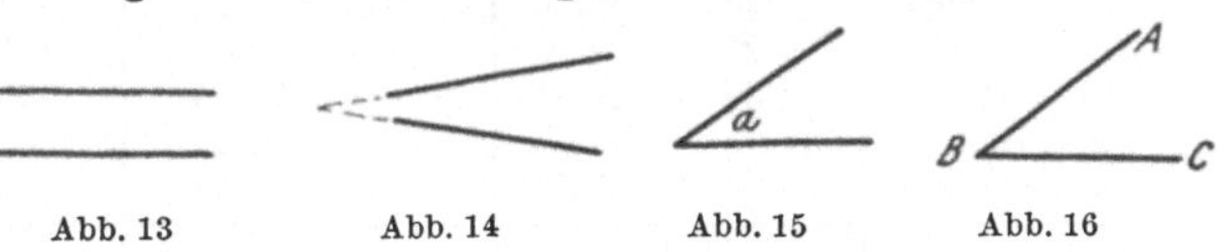

Abb. 13   Abb. 14   Abb. 15   Abb. 16

fen sie sich, so nennt man den Raum, den die beiden Linien einschließen, einen Winkel. Die Linien selbst nennt man Schenkel, der Schnittpunkt heißt Scheitelpunkt (Abb. 15 u. 16). Einen Winkel benennt man durch einen Buchstaben, den man in den Winkel hineinsetzt (Abb. 15, sprich: Winkel a), oder durch drei Buchstaben. Dann nennt man den Buchstaben am Scheitelpunkt in der Mitte (Abb. 16), also Winkel ABC oder Winkel CBA. Das Zeichen für Winkel ist $\angle$ (z. B. $\angle ABC$ oder $\angle a$).

Die Größe eines Winkels kann man durch die Größe des Kreisbogens ange-ben, den man zwi-

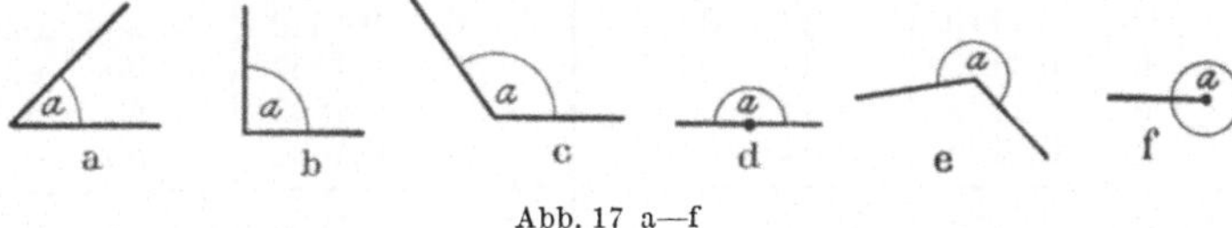

a   b   c   d   e   f

Abb. 17 a—f

schen seine Schenkel mit dem Scheitelpunkt als Mittelpunkt dieses Kreises schlagen kann (Abb. 17). Um den vollen Winkel (Abb. 17 f) kann man einen vollen Kreis schlagen. Diesen Kreis, der zum Bestimmen der Winkelgröße dient, hat man in 360 Teile eingeteilt. Jeden Teil davon nennt man 1 Grad (das Zeichen dafür: 1°). Jeden Grad hat man wieder in 60 Minuten geteilt (Zeichen: 60′); jede Minute hat 60 Sekunden (Zeichen: 60″). Ein Vollwinkel hat demnach 360°, ein gestreckter

---

[1] In der Praxis ist statt des deutschen Wortes „Kegel" vielfach noch das Fremdwort „Konus" gebräuchlich. Wir wollen die entbehrlichen Fremdwörter vermeiden.

Tabelle 6. *Tangens.*

Gr	Mi	tg	Gr	Mi	tg	Gr	Mi	tg	Gr	Mi	tg	Gr	Mi	tg
0	0	0,0000	9	0	0,1584	18	0	0,3249	27	0	0,5095	36	0	0,7265
	10	0,0029		10	0,1614		10	0,3281		10	0,5132		10	0,7310
	20	0,0058		20	0,1644		20	0,3314		20	0,5169		20	0,7355
	30	0,0087		30	0,1673		30	0,3346		30	0,5206		30	0,7400
	40	0,0116		40	0,1703		40	0,3378		40	0,5243		40	0,7445
	50	0,0145		50	0,1733		50	0,3411		50	0,5280		50	0,7490
1	0	0,0175	10	0	0,1763	19	0	0,3443	28	0	0,5317	37	0	0,7536
	10	0,0204		10	0,1793		10	0,3476		10	0,5354		10	0,7581
	20	0,0233		20	0,1823		20	0,3508		20	0,5392		20	0,7627
	30	0,0262		30	0,1853		30	0,3541		30	0,5430		30	0,7673
	40	0,0291		40	0,1883		40	0,3574		40	0,5467		40	0,7720
	50	0,0320		50	0,1914		50	0,3607		50	0,5505		50	0,7766
2	0	0,0349	11	0	0,1944	20	0	0,3640	29	0	0,5543	38	0	0,7813
	10	0,0378		10	0,1974		10	0,3673		10	0,5581		10	0,7860
	20	0,0407		20	0,2004		20	0,3706		20	0,5619		20	0,7907
	30	0,0437		30	0,2035		30	0,3739		30	0,5658		30	0,7954
	40	0,0466		40	0,2065		40	0,3772		40	0,5696		40	0,8002
	50	0,0495		50	0,2095		50	0,3805		50	0,5735		50	0,8050
3	0	0,0524	12	0	0,2126	21	0	0,3839	30	0	0,5774	39	0	0,8098
	10	0,0553		10	0,2156		10	0,3872		10	0,5812		10	0,8146
	20	0,0582		20	0,2186		20	0,3906		20	0,5851		20	0,8195
	30	0,0612		30	0,2217		30	0,3939		30	0,5890		30	0,8243
	40	0,0641		40	0,2247		40	0,3973		40	0,5930		40	0,8292
	50	0,0670		50	0,2278		50	0,4006		50	0,5969		50	0,8342
4	0	0,0699	13	0	0,2309	22	0	0,4040	31	0	0,6009	40	0	0,8391
	10	0,0729		10	0,2339		10	0,4074		10	0,6048		10	0,8441
	20	0,0758		20	0,2370		20	0,4108		20	0,6088		20	0,8491
	30	0,0787		30	0,2401		30	0,4142		30	0,6128		30	0,8541
	40	0,0816		40	0,2432		40	0,4176		40	0,6168		40	0,8591
	50	0,0846		50	0,2462		50	0,4210		50	0,6208		50	0,8642
5	0	0,0875	14	0	0,2493	23	0	0,4245	32	0	0,6249	41	0	0,8693
	10	0,0904		10	0,2524		10	0,4279		10	0,6289		10	0,8744
	20	0,0934		20	0,2555		20	0,4314		20	0,6330		20	0,8796
	30	0,0963		30	0,2586		30	0,4348		30	0,6371		30	0,8847
	40	0,0992		40	0,2617		40	0,4383		40	0,6412		40	0,8899
	50	0,1022		50	0,2648		50	0,4417		50	0,6453		50	0,8952
6	0	0,1051	15	0	0,2679	24	0	0,4452	33	0	0,6494	42	0	0,9004
	10	0,1080		10	0,2711		10	0,4487		10	0,6536		10	0,9057
	20	0,1110		20	0,2742		20	0,4522		20	0,6577		20	0,9110
	30	0,1139		30	0,2773		30	0,4557		30	0,6619		30	0,9163
	40	0,1169		40	0,2805		40	0,4592		40	0,6661		40	0,9217
	50	0,1198		50	0,2836		50	0,4628		50	0,6703		50	0,9271
7	0	0,1228	16	0	0,2867	25	0	0,4663	34	0	0,6745	43	0	0,9325
	10	0,1257		10	0,2899		10	0,4699		10	0,6787		10	0,9380
	20	0,1287		20	0,2931		20	0,4734		20	0,6830		20	0,9435
	30	0,1317		30	0,2962		30	0,4770		30	0,6873		30	0,9490
	40	0,1346		40	0,2994		40	0,4806		40	0,6916		40	0,9545
	50	0,1376		50	0,3026		50	0,4841		50	0,6959		50	0,9601
8	0	0,1405	17	0	0,3057	26	0	0,4877	35	9	0,7002	44	0	0,9657
	10	0,1435		10	0,3089		10	0,4913		10	0,7046		10	0,9713
	20	0,1465		20	0,3121		20	0,4950		20	0,7089		20	0,9770
	30	0,1495		30	0,3153		30	0,4986		30	0,7133		30	0,9827
	40	0,1524		40	0,3185		40	0,5022		40	0,7177		40	0,9884
	50	0,1554		50	0,3217		50	0,5059		50	0,7221		50	0,9942

Tabelle 6. *Tangens (Fortsetzung)*.

Gr	Mi	tg	Gr	Mi	tg	Gr	Mi	tg	Gr	Mi	tg	Gr	Mi	tg
45	0	1,0000	54	0	1,3764	63	0	1,9626	72	0	3,0777	81	0	6,3138
	10	1,0058		10	1,3848		10	1,9768		10	3,1084		10	6,4348
	20	1.0117		20	1,3934		20	1,9912		20	3,1397		20	6,5606
	30	1,0176		30	1,4019		30	2,0057		30	3,1716		30	6,6912
	40	1,0235		40	1 4106		40	2,0204		40	3 2041		40	6,8269
	50	1,0295		50	1,4193		50	2,0353		50	3,2371		50	6,9682
46	0	1,0355	55	0	1,4281	64	0	2,0503	73	0	3,2709	82	0	7,1154
	10	1,0416		10	1,4370		10	2,0655		10	3,3052		10	7,2687
	20	1,0477		20	1,4460		20	2,0809		20	3,3402		20	7,4287
	30	1,0538		30	1,4550		30	2,0965		30	3,3759		30	7,5958
	40	1,0599		40	1,4641		40	2,1123		40	3,4124		40	7,7704
	50	1,0661		50	1,4733		50	2,1283		50	3,4495		50	7,9530
47	0	1,0724	56	0	1,4826	65	0	2,1445	74	0	3,4874	83	0	8,1443
	10	1,0786		10	1,4919		10	2,1609		10	3,5261		10	8,3450
	20	1,0850		20	1,5013		20	2,1775		20	3,5656		20	8,5555
	30	1,0913		30	1,5108		30	2,1943		30	3,6059		30	8,7769
	40	1,0977		40	1,5204		40	2,2113		40	3,6470		40	9,0098
	50	1,1041		50	1,5301		50	2,2286		50	3,6891		50	9,2553
48	0	1,1106	57	0	1,5399	66	0	2,2460	75	0	3,7321	84	0	9,5144
	10	1,1171		10	1,5497		10	2,2637		10	3,7760		10	9,7882
	20	1,1237		20	1,5597		20	2,2817		20	3,8208		20	10,078
	30	1,1303		30	1,5697		30	2,2998		30	3,8667		30	10,385
	40	1,1369		40	1,5798		40	2,3183		40	3,9136		40	10,712
	50	1,1436		50	1,5900		50	2,3369		50	3,9617		50	11,059
49	0	1,1504	58	0	1,6003	67	0	2,3559	76	0	4,0108	85	0	11,430
	10	1,1571		10	1,6107		10	2,3750		10	4,0611		10	11,826
	20	1,1640		20	1,6212		20	2,3945		20	4,1126		20	12,251
	30	1,1708		30	1,6319		30	2,4142		30	4,1653		30	12,706
	40	1,1778		40	1,6426		40	2,4342		40	4,2193		40	13,197
	50	1,1847		50	1,6534		50	2,4545		50	4,2747		50	13,727
50	0	1,1918	59	0	1,6643	68	0	2,4751	77	0	4,3315	86	0	14,301
	10	1,1988		10	1,6753		10	2,4960		10	4,3897		10	14,924
	20	1,2059		20	1,6864		20	2,5172		20	4,4494		20	15,605
	30	1,2131		30	1,6977		30	2,5386		30	4,5107		30	16,350
	40	1,2203		40	1,7090		40	2,5605		40	4,5736		40	17,169
	50	1,2276		50	1,7205		50	2,5826		50	4,6382		50	18,075
51	0	1,2349	60	0	1,7321	69	0	2,6051	78	0	4,7046	87	0	19,081
	10	1,2423		10	1,7437		10	2,6279		10	4,7729		10	20,206
	20	1,2497		20	1,7556		20	2,6511		20	4,8430		20	21,470
	30	1,2572		30	1,7675		30	2,6746		30	4,9152		30	22,904
	40	1,2647		40	1,7796		40	2,6985		40	4,9894		40	24,542
	50	1,2723		50	1,7917		50	2,7228		50	5,0658		50	26,432
52	0	1,2799	61	0	1,8040	70	0	2,7475	79	0	5,1446	88	0	28,636
	10	1,2876		10	1,8165		10	2,7725		10	5,2257		10	31,242
	20	1,2954		20	1,8291		20	2,7980		20	5,3093		20	34,368
	30	1,3032		30	1,8418		30	2,8239		30	5,3955		30	38,188
	40	1,3111		40	1,8546		40	2,8502		40	5,4845		40	42,964
	50	1,3190		50	1,8676		50	2,8770		50	5,5764		50	49,104
53	0	1,3270	62	0	1,8807	71	0	2,9042	80	0	5,6713	89	0	57,290
	10	1,3351		10	1,8940		10	2,9319		10	5,7694		10	68,750
	20	1,3432		20	1,9074		20	2,9600		20	5,8708		20	85,940
	30	1,3514		30	1,9210		30	2,9887		30	5,9758		30	114,59
	40	1,3596		40	1,9347		40	3,0178		40	6,0844		40	171,89
	50	1,3680		50	1,9486		50	3,0475		50	6,1970		50	343,77

Winkel 180° (Halbkreis), ein rechter Winkel 90° (Viertelkreis); ein spitzer Winkel hat unter 90°, ein stumpfer über 90°, aber unter 180°, ein überstumpfer über 180°, aber unter 360°. Bei einem *rechten* Winkel sagt man: „Der eine Schenkel steht *senkrecht* auf dem andern." Demnach ist eine *Senkrechte* eine Linie, die mit einer andern einen rechten Winkel bildet.

Abb. 18 stellt einen Winkel dar; er heißt a. Auf dem Schenkel AC ist eine Senkrechte errichtet und bis zum Schnitt mit dem andern Schenkel verlängert worden; sie heißt DE. Wenn nun diese Senkrechte zu dem Schenkelabschnitt AD ins Verhältnis gesetzt wird, so ist durch dieses als Bruch geschriebene Verhältnis die Größe des Winkels a genau bestimmt. $\angle a = \dfrac{DE}{AD}$. Wäre DE z.B. 14 mm lang, AD 21 mm, so wäre $\angle a = \frac{14}{21} = \frac{2}{3} = 0{,}6666$ groß. In welchem Punkte die Senkrechte errichtet wird, ist gleichgültig. Das Verhältnis ist stets dasselbe, es heißt Tangens.

Merke: Das Verhältnis der dem Winkel gegenüberliegenden Senkrechten zu dem Schenkelabschnitt vom Scheitelpunkt bis zum Fußpunkt der Senkrechten nennt man *Tangens* des Winkels; Zeichen dafür „tg".

Wäre die Senkrechte 25 mm, der Schenkelabschnitt 30 mm, so wäre tg a $= \frac{25}{30} = \frac{5}{6} = 5:6 = 0{,}8333$. Wäre die Senkrechte 14,5 mm, der Schenkelabschnitt 7,2 mm, so wäre tg $a = \frac{14{,}5}{7{,}2} = \frac{145}{72} = 145:72 = 2{,}0138$.

1. Aufgabe: Senkrechte $= \quad 20 \quad\quad 28 \quad\quad 15 \quad\quad 78 \quad\quad 16{,}5 \quad 83{,}6 \quad 31{,}2$ mm.
Schenkelabschnitt $= \quad 25 \quad\quad 16 \quad\quad 27 \quad\quad 45{,}2 \quad\quad 4{,}7 \quad\quad 25{,}4 \quad 46{,}8$ mm.

Wie groß ist tg? (Rechne immer auf vier Dezimalstellen.) So genügt tg schon für sich, die Größe eines Winkels zu bestimmen. Gelehrte haben aber außerdem noch Zahlentafeln ausgearbeitet, die es ermöglichen, aus tg auch die *Grade* des Winkels zu ermitteln (siehe Tabelle 6, S. 44 u. 45).

Gearbeitet wird nach dieser Tabelle folgendermaßen:

2. Aufgabe: Wir benutzen die Zahlen der 1. Aufgabe.

tg $a = \frac{20}{25} = \frac{4}{5} = 4:5 = 0{,}8000$. Nun suchen wir in der Tabelle die Zahl 0,8000 auf. Wir finden als nächstliegende Zahl 0,8002. In der Gradspalte links davon finden wir die Zahl 38, in der Minutenspalte die Zahl 40. Demnach gehört zu tg a ein Winkel von 38° 40'. Die nächste Aufgabe! tg $a = \frac{28}{16} = \frac{7}{4} = 7:4 = 1{,}7500$. Als nächstliegende Zahl finden wir in der Tabelle 1,7556. Als Winkel lesen wir ab 60° 20'. — Suche nach den weiteren Angaben der Aufgabe 1 die Winkelgrößen!

3. Aufgabe: Wie groß ist $\angle a$ (Abb. 18) bei folgenden Seitenverhältnissen?

Senkrechte mm $\quad\quad 3{,}6 \quad 4{,}5 \quad 2{,}7 \quad 18{,}4 \quad 6{,}9 \quad 4{,}3 \quad 24{,}1 \quad 63{,}6 \quad 92{,}8$.
Schenkelabschnitt mm $\quad 10{,}5 \quad 3{,}6 \quad 12{,}3 \quad 44{,}5 \quad 10{,}4 \quad 9{,}8 \quad 5{,}6 \quad 7{,}2 \quad 23{,}9$.

Umgekehrt kann auch aus der Tabelle für einen bekannten Winkel der Tangens (tg) festgestellt werden.

Beispiel: Wie groß ist tg 45° 30'? *Lösung*: In den Grad- und Minutenspalten sucht man 45° 30' auf und liest dann die rechts danebenstehende Zahl 1,0176 ab. Kurz: tg 45° 30' = 1,0176. Ebenso: tg 16° 40' = 0,2994 usw.

4. Aufgabe: Bestimme den Tangens folgender Winkel: 24° 0'; 40° 50'; 6° 30'; 54° 20'; 10° 40'; 36° 50'; 32° 10'; 78° 10'; 44° 30'.

Merke: $10' = \frac{1}{6}{}^{\circ}$; $20' = \frac{1}{3}{}^{\circ}$; $30' = \frac{1}{2}{}^{\circ}$; $40' = \frac{2}{3}{}^{\circ}$; $50' = \frac{5}{6}{}^{\circ}$; denn 60' = 1°. Also: 14° 20' oder $14\frac{1}{3}{}^{\circ}$; 20° 30' oder $20\frac{1}{2}{}^{\circ}$; $36\frac{5}{6}{}^{\circ}$ oder 36° 50' usf.

42. Etwas von den Flächen. Für die Kegelberechnung kommen in Betracht: das rechtwinklige Dreieck, der Kreis und das Trapez.

a) Das rechtwinklige Dreieck (Abb. 19) wird so genannt, weil zwei Schenkel einen rechten Winkel einschließen. Diese Seiten nennt man *Katheten*. Die dem rechten Winkel gegenüberliegende Seite AB heißt *Hypotenuse*. Da Kathete AC senkrecht auf Kathete BC steht, so ist $\operatorname{tg} \angle b = \dfrac{AC}{BC}$; oder auch $\operatorname{tg} \angle a = \dfrac{BC}{AC}$ (= gegenüberliegende Kathete geteilt durch anliegende Kathete).

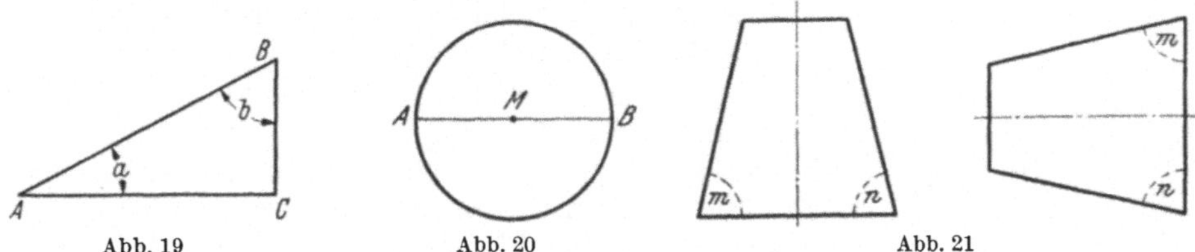

Abb. 19   Abb. 20   Abb. 21

b) Die Linie, die eine Kreisfläche begrenzt (Abb. 20), heißt Umfang des Kreises. M ist der Mittelpunkt, AB der Durchmesser, MB der Halbmesser des Kreises (vgl. Abschn. 22).

c) Abb. 21 stellt ein stehendes und ein liegendes Trapez dar. Trapeze haben ein Paar parallele Seiten und ein Paar nichtparallele Seiten. In Abb. 21 haben die nichtparallelen Seiten dieselbe Neigung zu den parallelen Seiten, d. h. $\angle m = \angle n$. Das ist ein Sonderfall, die Seiten können auch verschieden geneigt sein.

43. Etwas von den Körpern. Abb. 22 stellt eine *Walze* oder einen *Zylinder* dar. Die Querschnitte ergeben immer einen Kreis. Alle Querschnitte sind

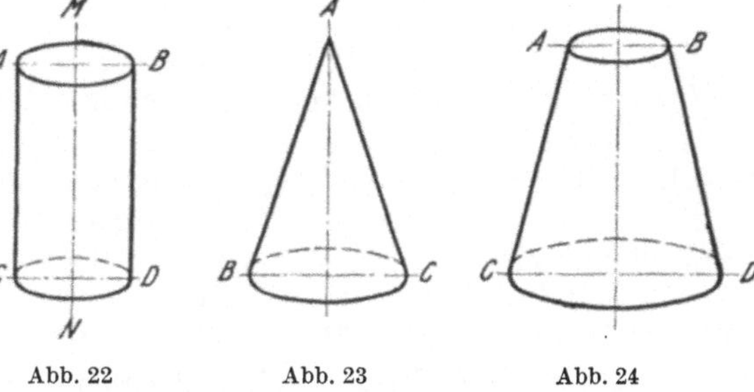

Abb. 22   Abb. 23   Abb. 24

gleich groß. Jeder Punkt der Oberfläche ist gleich weit von der Achse MN entfernt. Ein Längsschnitt durch die Walze ergibt ein Rechteck ($ABDC$). Körper in Form von Abb. 23 heißen *Kegel*. Die Querschnitte parallel zur Grundfläche ergeben ebenfalls Kreise, aber von verschiedener Größe. Der Längsschnitt ergibt ein Dreieck (ABC).

Abb. 24 stellt einen *abgestumpften Kegel* dar. Die Querschnitte ergeben Kreisformen, der Längsschnitt ist ein Trapez ($ABDC$).

B. Das Kegeldrehen

44. Kurze Kegel: Schrägstellen des Werkzeugschlittens. In Abb. 25 stellt die obere Zeichnung einen eingespannten abgestumpften Kegel dar, die untere den Flansch des Werkzeugschlittens. Soll der Kegel abgedreht werden, so muß die Achse NO des Schlittens parallel zur Kante CD des Kegels laufen. Mit anderen Worten, man muß sie um den Winkel v verstellen. Die Größe dieses Winkels kann man leicht ermitteln, denn $\angle v = \angle u$, da MO parallel zu EF und MR parallel zu EH läuft. Für $\angle u$ gilt: $\operatorname{tg} \angle u = \dfrac{FH}{FE}$. FE ist die Länge des Kegels bzw. des Kegelstumpfes; FH ist die halbe Kegelsteigung. Unter Steigung versteht man den Unterschied zwischen dem großen und dem kleinen Durchmesser. In Abb. 25 ist die Kegelsteigung gleich BD weniger AC; also ist GH die ganze und

FH die halbe Kegelsteigung. Die *Kegellänge* soll kurz KL genannt werden, die *halbe Steigung* soll kurz $HKst$ heißen. Dann kann man sagen:

$$\operatorname{tg} \angle u = \frac{HKst}{KL}.$$

Kegelsteigung und Kegellänge sind stets bekannt, folglich können wir ohne Mühe den Verstellwinkel für den Flansch berechnen.

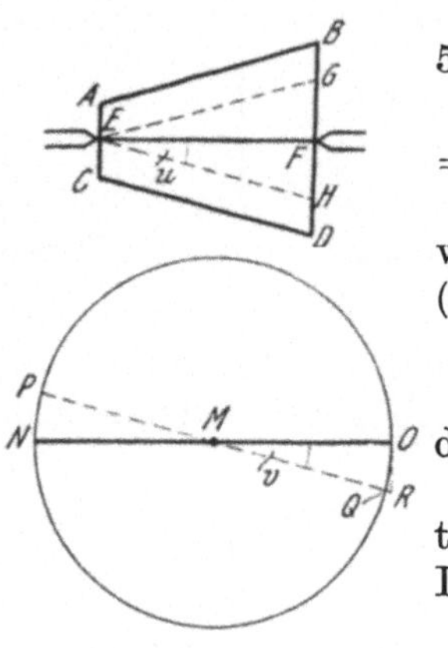

5. Aufgabe: Kegellänge 200 mm; großer Durchmesser 50 mm; kleiner Durchmesser 40 mm.

Lösung: $KL = 200$ mm; ganze Steigung $50 - 40 = 10$ mm; $HKst$ also 5 mm.

$\operatorname{tg} \angle u = \frac{5}{200} = \frac{1}{40} = 1:40 = 0{,}0250$. Diese Zahl suchen wir in der Tangenstabelle auf und lesen als Winkel 1° 30′ (d. i. $1\tfrac{1}{2}°$) ab. Der Flansch ist um $1\tfrac{1}{2}°$ zu verdrehen.

6. Aufgabe: Kegellänge 150 mm; Durchmesser 84 mm.

Lösung: $KL = 150$ mm; ganze Steigung (da der Kegel diesmal in eine Spitze ausläuft) $84 - 0 = 84$; $HKst = 42$.

$\operatorname{tg} \angle u = \frac{42}{150} = \frac{7}{25} = 7:25 = 0{,}2800$. In der Tangenstabelle finden wir für 0,2800 den Winkel 15° 40′ $(= 15\tfrac{2}{3}°)$. Der Flansch wird um $15\tfrac{2}{3}°$ verdreht.

7. Aufgabe: Kegellänge 440 mm; großer Durchmesser 180 mm; kleiner Durchmesser 100 mm.

Abb. 25

Lösung: $KL = 440$ mm; ganze Steigung $= 180 - 100 = 80$ mm; $HKst = 40$ mm.

$\operatorname{tg} \angle u = \frac{40}{440} = \frac{1}{11} = 1:11 = 0{,}0909$. Für 0,0909 lesen wir aus der Tangenstabelle 5° 10′ $(= 5\tfrac{1}{6}°)$ ab. Der Flansch wird um $5\tfrac{1}{6}°$ verdreht.

8. Aufgabe: Berechne den Verstellwinkel, wenn gegeben sind

Kegellänge (KL)	160	122	90	110	200	44,2	80 mm,
großer Durchm. (D)	60	84	100	75	120	28	56 mm,
kleiner Durchm. (d)	30	60	0	0	40	20	40 mm.

45. Lange Kegel: Drehen mit Leitschiene. Hat der Kegel eine große Länge, so wird er mit Hilfe der Leitschiene geschnitten, die dann die Führung des Werkzeugschlittens übernimmt. Die Leitschiene EF (Abb. 26) muß die Richtung $E_1 F_1$ parallel der Kegelkante CD erhalten. Der $\angle v$, um den sie verstellt werden muß,

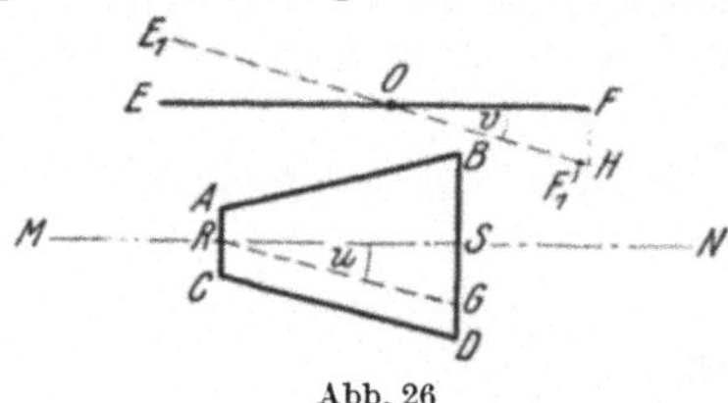

ist $= \angle u$. Folglich muß in bekannter Weise die Größe des $\angle u$ bestimmt werden. Ist für die Einstellung der Leitschiene eine *Gradeinteilung* vorhanden, so berechnet man den Einstellwinkel $u \, (= v)$ nach der Formel

$$\operatorname{tg} \angle u = \frac{HKst}{KL} \quad \text{(Abschn. 44).}$$

Abb. 26

9. Aufgabe: Um wieviel Grad ist die Kegelleitschiene zu verstellen?

Kegellänge (KL)	600	840	1200	1000	728 mm,
großer Durchm. (D)	80	120	144	210	112 mm,
kleiner Durchm. (d)	60	100	120	150	96 mm.

Bei *mm-Einteilung* für die Leitschiene ist die Strecke FH zu berechnen: $\angle v = \angle u$, folglich sind auch ihre tg gleich, also $\frac{FH}{FO} = \frac{SG}{SR}$, oder anders geschrieben $FH : FO = SG : SR$. In dieser Proportion (Abschn. 17) sind drei Glieder bekannt, denn $FO =$ halbe Leitschiene ($HLsch$), $SG =$ halbe Kegelsteigung ($HKst$), $SR =$ Kegellänge (KL). Folglich kann das vierte Glied (Strecke FH) errechnet werden: $? : HLsch = HKst : KL$.

10. *Aufgabe*: Kegellänge 600 mm; $D = 180$ mm; $d = 120$ mm. Leitschiene 1000 mm.

$$\textit{Lösung}: \quad \frac{?:HLsch = HKst:KL}{?:\ 500\ =\ 30:600}, \quad \frac{500 \cdot 30}{600} = \frac{5 \cdot 5}{1} = 25 \text{ mm}.$$

Also in Richtung FH sind 25 mm abzutragen. Auf diesen Punkt ist die Leitschiene einzustellen.

11. *Aufgabe*: Benutze die Angaben von Aufgabe 9. Nimm jedoch an, daß mm-Teilung vorhanden ist. Leitschiene a) 1000; b) 800; c) 750 mm.

IV. Drehzahlnormung und Schnittgeschwindigkeits-Schaubilder

An den neuzeitlichen Werkzeugmaschinen findet man Angaben, meist in Form des sogenannten logarithmischen Schaubildes (Abb. 27 und Abb. 12), die das Auffinden der für den Einzelfall günstigsten Drehzahl zwecks Anwendung einer vorteilhaften Schnittgeschwindigkeit erleichtern sollen. Ebenso wie man mit einem Rechenschieber rein mechanisch rechnen kann, ohne seine theoretische Grundlage zu kennen, kann man auch mit einem solchen Schaubild arbeiten, ohne über seine Entstehung und über seinen Aufbau näher unterrichtet zu sein. Zweifellos aber ist es für die Benutzer dieser technischen Hilfsmittel wertvoll, ihren Aufbau und ihre Wirkungsweise zu verstehen, weil man sie dann mit größerem Vertrauen benutzen wird. Deshalb sollen in diesem Kapitel die mathematischen Grundlagen soweit behandelt werden, wie sie für das Verständnis des Rechenschiebers und des logarithmischen Schnittgeschwindigkeits-Schaubildes nötig sind. Wer die Berechnungen des vorhergehenden Teiles dieses Buches gründlich durchgearbeitet hat, wird ausreichende Übung erworben haben, um auch weiterhin den Darlegungen ohne Schwierigkeit folgen und daraus Nutzen ziehen zu können.

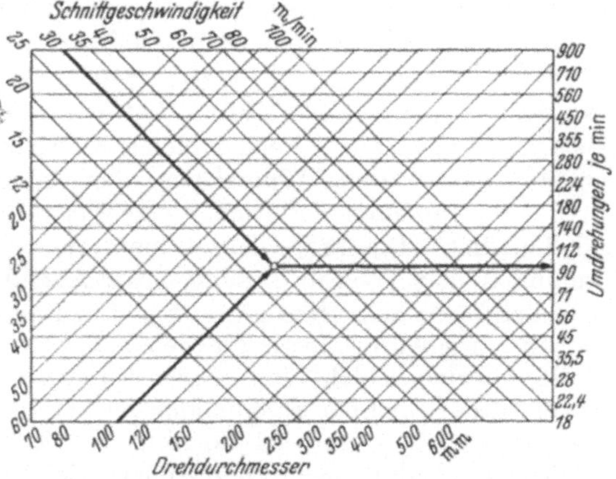

Abb. 27. Geschwindigkeitsschaubild zur Drehzahlbestimmung

Eingetragenes Beispiel: Bei einem Drehdurchmesser von 100 mm sind für eine Schnittgeschwindigkeit von 30 m/min 94 Umdr. je min erforderlich. — Auf den Schildern dieser Art, die an den Maschinen angebracht werden, sind bei den Umdrehungen noch die Stellungen der Schalthebel bildhaft dargestellt, so daß der Dreher die Drehzahlen an sich gar nicht zu beachten braucht (s. Abb. 12)

46. Etwas über Potenzen und Exponenten. Wenn wir hinschreiben $4 \cdot 4 = 16$, dann setzen wir die 4 zweimal als Faktor (vgl. Abschn. 4). Mathematisch kann man auch schreiben $4^2 = 16$ (lies: 4 hoch zwei gleich 16). Ebenso kann man auch für $3 \cdot 3 \cdot 3 = 27$ einfacher schreiben $3^3 = 27$, statt $5 \cdot 5 \cdot 5 \cdot 5 = 625$ einfach $5^4 = 625$. In diesen Ausdrücken ist die Zahl, die mehrfach als Faktor gesetzt werden soll, die *Grundzahl* oder Basis und die hochgestellte Zahl, die angibt, wie oft die Grundzahl als Faktor gesetzt werden soll, der *Exponent*, während das Ganze, also Grundzahl mit Exponent, als *Potenz* bezeichnet wird. Der allgemeine Ausdruck für eine Potenz lautet a^n, d. h. die Größe a soll n-mal als Faktor gesetzt werden; a ist die Grundzahl, n der Exponent.

Zeichnet man ein Quadrat mit der Seitenlänge 8 cm, so ist die Größe der umzeichneten Fläche[1] gleich 64 qcm. Belegt man diese Fläche mit kleinen Würfeln von 1 cm Kantenlänge, so erhält man eine Schicht von 64 solchen Würfeln. 8 Schichten von je 64 Würfeln übereinander gelegt ergeben $8 \cdot 64 = 512$ Würfel und bilden zusammen einen größeren Würfel von 8 cm Kantenlänge. Hier ist die 8 dreimal als Faktor aufgetreten. Der Rauminhalt des Würfels von 8 cm Kantenlänge beträgt $8 \cdot 8 \cdot 8 = 8^3 = 512$ cm^3.

Es kann aber auch der umgekehrte Fall vorkommen: Eine Fläche in der Form eines Rechtecks ist gegeben mit 16 cm und 9 cm Seitenlängen. Ihr Flächeninhalt ist offenbar $16 \cdot 9 = 144$ cm^2, wie man durch Aufzeichnen leicht nachprüfen kann (am einfachsten auf kariertem Papier). Die Frage ist nun, wie groß die Seitenlänge eines Quadrates sein muß, das denselben Flächeninhalt hat, wie das Rechteck. Wir erinnern uns an den ersten Teil dieses Abschnittes und bezeichnen die unbekannte Seitenlänge des gesuchten Quadrates mit x cm, dann wäre die Fläche des Quadrates gleich x mal x gleich x^2 (lies x hoch 2 oder x quadrat). Dieses $x^2 = x \cdot x$ muß aber nach unserer Voraussetzung gleich 144 cm^2 sein, folglich müssen wir die Zahl suchen, die mit sich selbst als Faktor malgenommen die Zahl 144 ergibt. Durch Probieren finden wir leicht, daß $x = 12$ cm sein muß, denn $12 \cdot 12 = 144$. Diesen Rechenvorgang nennt man „Quadratwurzel ausziehen" oder „zweite Wurzel ausziehen"; man schreibt dafür $\sqrt{144} = 12$, $\sqrt{x^2} = x$, und sagt: Wurzel aus 144 gleich 12, Wurzel aus x hoch 2 gleich x. Eigentlich müßte man sagen: Quadratwurzel aus oder zweite Wurzel aus, aber es kann kein Mißverständnis eintreten.

In einem anderen Falle möge eine Platte gegeben sein, 18 m lang, 4 m breit und 3 m dick. Die Frage lautet hier: Wie groß ist der Würfel, der denselben Rauminhalt hat? — Zur Lösung dieser Aufgabe rechnen wir zunächst die Größe der Grundfläche aus: 18 m Länge mal 4 m Breite sind $18 \cdot 4 = 72$ m^2. Wir denken uns nun auf jeden m^2 dieser Fläche einen Würfel von 1 m Kantenlänge gelegt und erhalten so eine Schicht von 72 m^3. Entsprechend der Höhe von 3 m denken wir uns nun drei Schichten aufeinander gelegt; der gesamte Rauminhalt beträgt also $3 \cdot 72 = 216$ m^3. Jetzt wird die Aufgabe wieder der vorigen ähnlich: Ein Würfel hat gleiche Kantenlängen; bezeichnen wir die Kantenlänge mit x m, so ist der Rauminhalt gleich $x \cdot x \cdot x = x^3$ m^3 (lies x hoch 3 Meter hoch 3). Dieser Rauminhalt soll derselbe sein wie der oben berechnete von 216 m^3. Wir lösen also die Aufgabe, indem wir jetzt $x^3 = x \cdot x \cdot x = 216$ setzen, d. h. wir müssen die Zahl suchen, die dreimal mit sich selbst als Faktor malgenommen 216 ergibt. Durch Probieren erhalten wir $x = 6$ m, denn $6 \cdot 6 \cdot 6 = 216$. Dieses Aufgliedern der Zahl 216 in drei gleiche Faktoren nennt man „die dritte Wurzel ziehen", man schreibt $\sqrt[3]{x^3} = x = \sqrt[3]{216} = 6$ (lies dritte Wurzel aus x hoch 3 gleich x gleich dritte Wurzel aus 216 gleich 6).

Es gibt nun für $\sqrt{144}$ und $\sqrt[3]{216}$ noch eine andere Schreibweise, nämlich $144^{1/2}$ und $216^{1/3}$ (lies 144 hoch $^1/_2$ und 216 hoch $^1/_3$), d. h. wir schreiben die Wurzelausdrücke als Potenzen mit Brüchen als Exponenten. Dabei können diese Brüche auch als Dezimalbrüche geschrieben werden, also $144^{0,5}$ und $216^{0,333}$. Im letzten Falle wäre, nebenbei bemerkt, die Schreibweise mit $^1/_3$ etwas genauer, weil $^1/_3$ als Dezimalbruch nicht aufgeht. Wir wollen uns merken, daß es Potenzen mit ganzzahligen Exponenten und mit gewöhnlichen oder Dezimalbrüchen als Exponenten gibt. Das zu wissen, ist wichtig für das Verstehen der Logarithmen, die später

---

[1] Die Flächenbezeichnungen qm, qcm, qmm usw. kann man auch schreiben: m^2, cm^2, mm^2 usw. Ebenso ist in der Technik für die Raumbezeichnungen cbm, ccm, cmm usw. meist die Schreibweise m^3, cm^3, mm^3 usw. üblich.

behandelt werden. — Vielleicht taucht hier bei manchem Leser die Frage auf, wie denn eine Zahl mit Exponenten wie z.B. $^1/_{17}$ oder $0,138$ zu berechnen sei. Dazu wird bemerkt, daß die Berechnung solcher Potenzen nur mittels Logarithmen möglich ist, aber damit keine Schwierigkeiten macht.

Nach diesen erläuternden Ausführungen wollen wir die wichtigsten Regeln ableiten, nach denen man mit Potenzen rechnet. Den Ausdruck $4 \cdot 8 = 32$ kann man auch schreiben $2^2 \cdot 2^3 = 2^5$, denn es ist $2^2 = 4$, $2^3 = 8$ und $2^5 = 2 \cdot 2 \cdot 2 \cdot 2 \cdot 2 = 32$. Wir haben also malgenommen, indem wir die Exponenten zusammengezählt haben. Noch ein Beispiel: $27 \cdot 81 = 2187$ kann man schreiben $3^3 \cdot 3^4 = 3^7$. Folglich:

Regel 1: Potenzen mit gleicher Grundzahl werden malgenommen (multipliziert), indem man ihre Exponenten zusammenzählt (addiert).

Als logische Folge dieser Regel 1 ist zu erwarten, daß beim Teilen von Potenzen mit gleicher Grundzahl die Exponenten abgezogen werden müssen. Also wäre zu schreiben statt $\frac{8}{4} = 2$ entsprechend obigem $\frac{2^3}{2^2} = 2^{3-2} = 2^1 = 2$; statt $\frac{2187}{81} = 27$ kann man schreiben $\frac{3^7}{3^4} = 3^{7-4} = 3^3$, Die Vermutung stimmt also; es zeigt sich darüberhinaus, daß Potenzen aus dem Nenner in den Zähler gebracht werden können, wenn man dabei dem Exponenten ein entgegengesetztes Vorzeichen gibt: Statt $^1/_2$ kann ich also schreiben 2^{-1}, statt $^1/_4$ entsprechend 4^{-1} oder 2^{-2}, statt $\frac{1}{125}$ entsprechend 125^{-1} oder 5^{-3} usw. Wir hätten die vorhergehenden Beispiele noch etwas ausführlicher schreiben können: $\frac{2^3}{2^2} = 2^3 \cdot 2^{-2}$ (lies 2 hoch 3 mal 2 hoch minus 2) $= 2^{3-2} = 2^1 = 2$; $\frac{3^7}{3^4} = 3^7 \cdot 3^{-4} = 3^{7-4} = 3^3$. Die Divisionsaufgabe ist auf diese Weise eine Multiplikationsaufgabe geworden, indem wir die 2^2 und die 3^4 mit entgegengesetztem Vorzeichen des Exponenten vom Nenner in den Zähler gebracht haben. Bei der Addition der Exponenten wirkt sich dann das negative Vorzeichen genau so aus, als wenn wir unmittelbar den Exponenten der im Nenner stehenden Potenz von demjenigen der im Zähler stehenden Potenz abziehen; man kann sich das so erklären:

$$3 + (-2) = 3 - 2 = 1 \quad \text{und} \quad 7 + (-4) = 7 - 4 = 3 \,.$$

Wenn man eine positive Größe (z.B. ein Guthaben) und eine negative Größe (z.B. Schulden) zusammenrechnet, dann ist das Ergebnis stets, daß die positive Größe um die negative verkleinert wird.

Die vorstehenden Ausführungen ergeben zwei Regeln:

Regel 2: Potenzen mit gleicher Grundzahl werden dividiert, indem man den Exponenten des Nenners vom Exponenten des Zählers abzieht.

Dazu kommt noch die für das Rechnen mit Potenzen besonders wichtige

Regel 3: Man kann Potenzen vom Zähler in den Nenner und vom Nenner in den Zähler eines Bruches bringen, muß dabei aber das Vorzeichen des Exponenten umkehren.

Es wird empfohlen, diese Regeln durch selbstgewählte Beispiele zu üben, etwa in folgender Weise: a) $\frac{7^2 \cdot 5^3}{7^3 \cdot 5^2} = 7^{2-3} \cdot 5^{3-2} = 7^{-1} \cdot 5^1 = \frac{5}{7}$;   b) $\frac{9^4 \cdot 15^2}{3^6 \cdot 5^3} = ?$ Hier ist es notwendig, die Grundzahlen zunächst in ihre Faktoren zu zerlegen, also 9 in $3 \cdot 3$ und 15 in $3 \cdot 5$; die Frage ist nur, welche Exponenten diese Faktoren dann bekommen müssen. Durch Probieren findet man, daß die Faktoren den Exponenten des Produktes erhalten müssen, denn $3^4 \cdot 3^4 = 9^4$ oder $= 3^8$; $3^2 \cdot 5^2 = 15^2$, wie ebenfalls leicht nachzuprüfen ist. Die Lösung lautet also: $\frac{9^4 \cdot 15^2}{3^6 \cdot 5^3} = \frac{3^4 \cdot 3^4 \cdot 3^2 \cdot 5^2}{3^6 \cdot 5^3} = 3^{4+4+2-6} \cdot 5^{2-3} = 3^4 \cdot 5^{-1} = \frac{81}{5}\,.$

Was hier für die Zahlenrechnung abgeleitet wurde, gilt natürlich auch ohne weiteres für die Buchstabenrechnung. Beispiele: a) $a^n = \dfrac{1}{a^{-n}}$; b) $a^{m-n} = \dfrac{a^m}{a^n}$; c) $\dfrac{a^{2n}}{a^n} = a^{2n-n} = a^n$; d) $(a \cdot b)^n = a^n \cdot b^n$; die Klammer bedeutet, daß der Exponent n für die beiden in der Klammer stehenden Faktoren gilt, denn z.B. $(a \cdot b)^3 = (a \cdot b) \cdot (a \cdot b) \cdot (a \cdot b) = a \cdot b \cdot a \cdot b \cdot a \cdot b = a^3 \cdot b^3$. Buchstabenrechnung prüft man zweckmäßig dadurch nach, daß man für die Buchstaben einfache Zahlen einsetzt, so für die letzte Rechnung: $a = 2$ und $b = 3$, also $(a \cdot b) = 6$ und $a^3 \cdot b^3 = 2^3 \cdot 3^3 = 8 \cdot 27 = 216$, oder $= 6^3$. Zu bemerken ist noch, daß Ausdrücke von der Form $(a + b)^n$ oder $(a - b)^n$ nicht gleich $a^n + b^n$ bzw. $a^n - b^n$ sind. Hier muß man stets die Buchstaben durch Zahlen ersetzen und die Addition oder Subtraktion in der Klammer erst ausführen, bevor man potenziert, z.B. $(4 + 3)^3$ ist gleich $7^3 = 343$ und nicht gleich $4^3 + 3^3$, das nur $64 + 27 = 91$ ergibt!

Für besonders interessierte Leser sei noch eine vierte zu den genannten drei Regeln hinzugefügt:

Regel 4: Potenzen werden potenziert, indem man die Exponenten multipliziert. Zur Erläuterung sei zurückgegriffen auf das Beispiel vom Würfel mit 6 m Kantenlänge. Wir hatten erhalten $x^3 = 216$ und mußten die dritte Wurzel ziehen. Dafür gibt es, wie gezeigt wurde, die Schreibweise mit dem Wurzelzeichen, aber auch die Schreibweise mit dem Exponenten 1/3, also $\sqrt[3]{216}$ oder $216^{1/3}$. Wenn wir diese Schreibweise auch auf x^3 anwenden wollen, müssen wir x^3 als Grundzahl betrachten und zweckmäßig in eine Klammer setzen, also $(x^3)^{1/3}$ (lies $\dot x$ hoch 3 hoch 1/3). Das Ergebnis ist uns bekannt, es muß x sein. Folglich muß der Exponent 3 mit 1/3 malgenommen werden, denn $3 \cdot \frac{1}{3} = 1$ und $x^1 = x$. In Zahlen demnach $(6^3)^{1/3} = 6^1 = 6$.

47. Etwas vom logarithmischen Rechnen. Man verwandelt alle Zahlen in Potenzen mit der Grundzahl 10 und bezeichnet die dafür berechneten Exponenten

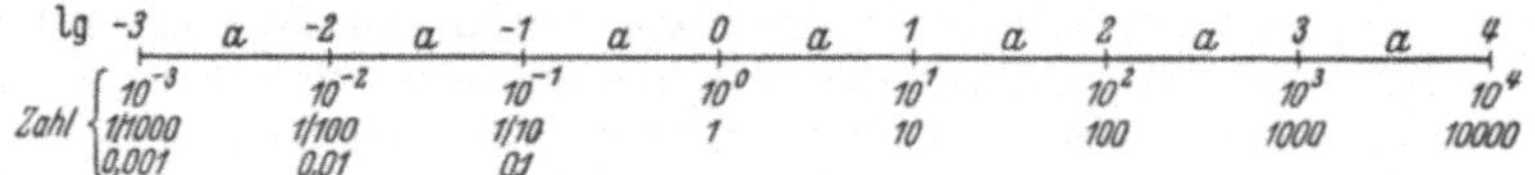

Abb. 28. Logarithmen der Zehnerzahlen von 0,001 bis 10000.   a logarithmische Einheit

als Logarithmen[1], abgekürzt lg. Die natürliche Zahl ist der Numerus (lat.), deutsch „die Zahl" oder einfach „Zahl". Nach Abschn. 46 ist $10^2 = 100$, folglich ist $\lg 100 = 2$ (lies Logarithmus 100 gleich 2), ferner $\lg 10 = 1$, $\lg 1000 = 3$. In Abb. 28 sind oberhalb der Linie die Logarithmen eingetragen und unterhalb die natürlichen Zahlen dazugeschrieben. Der Maßstab für die Teilung der Linie ist logarithmisch, die Strecken für den lg 0 bis 1, 1 bis 2 usw. sind gleich und mit a bezeichnet. Bei der Zahl 1 steht der Logarithmus 0, *Beweis*: $\frac{10}{10} = 1$ können wir auch schreiben $\frac{10^1}{10^1} = 10^{1-1} = 10^0 = 1$. Natürliche Zahlen, die kleiner sind als 1, haben einen negativen Logarithmus, z.B. $\lg \frac{1}{10} = \lg 0{,}1 = -1$, denn $\frac{1}{10} = 10^{-1}$; entsprechend ist $0{,}01 = \frac{1}{100} = 10^{-2}$, also $\lg 0{,}01 = -2$ usw.

Die Tabelle 7 enthält einige 4-stellige Logarithmen, die aus der Tabelle 8 (S. 54) entnommen sind. Sie sollen benutzt werden, um die in Abb. 28 mit a bezeichnete Strecke, die die Einheit des Logarithmus darstellt, logarithmisch zu unterteilen (s. Abb. 29). Als Maßstab für die Strecke a sei 60 mm gewählt. Die Tabelle enthält in ihrer dritten Zeile die mit diesem Maßstab für die einzelnen Punkte von 0 bzw. von der natürlichen Zahl 1 aus abzutragenden Strecken bis zur Zahl 10. Für die

---

[1] Je nach gewünschter Genauigkeit gibt es im Buchhandel käufliche, aber auch in den Ingenieur-Handbüchern (Dubbel, Hütte) enthaltene Logarithmen-Tafeln, in denen die Logarithmen mit 4 oder mit 5 Stellen hinter dem Komma angegeben sind. In der Astronomie z. B. rechnet man mit 15stelligen Logarithmen. Auf 3 Stellen genau kann man die Logarithmen auch auf dem Rechenschieber ablesen.

Zahlen von 10 bis 100 tragen wir dieselben Strecken nochmal auf, so daß die Linie der Logarithmen von 1 bis 100 gleich der doppelten Einheit, d. h. 120 mm lang wird. An die Teilstriche schreiben wir die natürlichen Zahlen. Man erkennt dann schon an ihrem Abstand voneinander, daß eine logarithmische Teilung vorliegt. In dieser Abbildung ist die Entfernung aller Zahlen, die das Zehnfache einer anderen

Tabelle 7. *Berechnung einer logarithmischen Teilung*

Zahl	1,0	1,2	1,5	2,0	2,5	3,0	4,0	5,0	6,0	8,0	10,0
lg	0,0	0,0792	0,1761	0,3010	0,3979	0,4771	0,6021	0,6990	0,7782	0,9031	1,0
mm	0,0	4,75	10,6	18,1	23,9	28,6	36,2	41,9	46,7	54,2	60,0

sind, gleich 60 mm, z. B. von 1 bis 10, von 3 bis 30, von 8 bis 80 usw. *Beweis*: lg 8 = 0,9031; d. h. $8 = 10^{0,9031}$ nach dem ersten Satz dieses Abschnittes. Nun ist $80 = 8 \cdot 10 = 10^{0,9031} \cdot 10^1$; Potenzen werden multipliziert, indem man ihre Exponenten addiert, folglich $80 = 10^{1,9031}$ und somit lg 80 = 1,9031. Der Unterschied von lg 80 und lg 8 ist also gleich 1, d. h. gleich einer logarithmischen Teilung, wenn man die Logarithmen ˙ zeichnerisch als

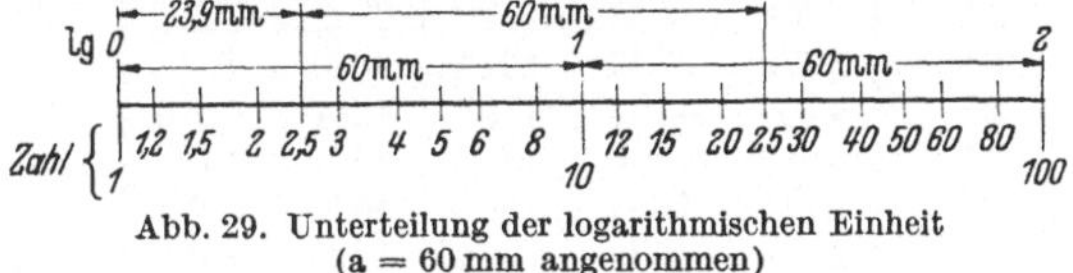

Abb. 29. Unterteilung der logarithmischen Einheit
(a = 60 mm angenommen)

Strecken darstellt. Für die logarithmische Einheit hatten wir 60 mm gewählt. In entsprechender Weise ist zu zeigen, daß lg 8000 = 3,9031 ist, denn $8000 = 8 \cdot 1000 = 10^{0,9031} \cdot 10^3$.

Diese Eigentümlichkeit der Logarithmen sei auch an dem folgenden *Beispiel* gezeigt:

Zahl	1415	141,5	1,415	0,1415	0,01415	0,0001415
lg	3,1508	2,1508	0,1508	0,1508–1	0,1508–2	0,1508–4

Die ersten zwei Zahlen dieser Reihe sind 1000 bzw. 100 mal so groß wie 1,415; ihr lg muß also, wie oben bei 8, 80 und 8000 gezeigt, vor dem Komma die Zahlen 3 bzw. 2 erhalten. Aber für die letzten drei Zahlen der Reihe muß der Beweis der Richtigkeit noch erbracht werden. Die Zahl 0,1415 ist gleich $\frac{1,415}{10}$; als Potenzen mit der Grundzahl 10 geschrieben erhalten wir dafür $10^{0,1508} \cdot 10^{-1}$, folglich nach den Regeln für das Rechnen mit Potenzen $10^{0,1508-1}$; der Exponent 0,1508 — 1 ist der Logarithmus der Zahl 0,1415. Entsprechend ist $0,01415 = \frac{1,415}{100}$ und $0,0001415 = \frac{1,415}{10\,000}$. Die mit dem Minuszeichen an den Logarithmus angefügten Zahlen geben die Anzahl der Nullen an, mit der die zugehörige natürliche Zahl geschrieben werden muß.

Man erkennt nun, daß jeder Logarithmus aus zwei grundsätzlich verschiedenen Teilen besteht: Die ohne Rücksicht auf die Stellenzahl der zugehörigen natürlichen Zahl unveränderliche Zahl *hinter* dem Komma ist die sogenannte *Mantisse*, im letzten Beispiel „1508", während die *vor* dem Komma stehende Zahl bzw. die *angehängte* Zahl mit dem Minus-Vorzeichen lediglich die Stellenzahl der natürlichen Zahl angibt. Sie wird deshalb die *Kennziffer* des Logarithmus genannt. In den gedruckten Logarithmentafeln und ebenso in Tabelle 8 sind nur die Mantissen der Logarithmen enthalten, ebenso auf dem Rechenschieber. Die Kennziffer muß man jedesmal noch besonders hinzufügen.

Tabelle 8. *Vierstellige Mantissen der Briggsschen*

Zahl	0	1	2	3	4	5	6	7	8	9	D
10	0000	0043	0086	0128	0170	0212	0253	0294	0334	0374	40
11	0414	0453	0492	0531	0569	0607	0645	0682	0719	0755	37
12	0792	0828	0864	0899	0934	0969	1004	1038	1072	1106	33
13	1139	1173	1206	1239	1271	1303	1335	1367	1399	1430	31
14	1461	1492	1523	1553	1584	1614	1644	1673	1703	1732	29
15	1761	1790	1818	1847	1875	1903	1931	1959	1987	2014	27
16	2041	2068	2095	2122	2148	2175	2201	2227	2253	2279	25
17	2304	2330	2355	2380	2405	2430	2455	2480	2504	2529	24
18	2553	2577	2601	2625	2648	2672	2695	2718	2742	2765	23
19	2788	2810	2833	2856	2878	2900	2923	2945	2967	2989	21
20	3010	3032	3054	3075	3096	3118	3139	3160	3181	3201	21
21	3222	3243	3263	3284	3304	3324	3345	3365	3385	3404	20
22	3424	3444	3464	3483	3502	3522	3541	3560	3579	3598	19
23	3617	3636	3655	3674	3692	3711	3729	3747	3766	3784	18
24	3802	3820	3838	3856	3874	3892	3909	3927	3945	3962	17
25	3979	3997	4014	4031	4048	4065	4082	4099	4116	4133	17
26	4150	4166	4183	4200	4216	4232	4249	4265	4281	4298	16
27	4314	4330	4346	4362	4378	4393	4409	4425	4440	4456	16
28	4472	4487	4502	4518	4533	4548	4564	4579	4594	4609	15
29	4624	4639	4654	4669	4683	4698	4713	4728	4742	4757	14
30	4771	4786	4800	4814	4829	4843	4857	4871	4886	4900	14
31	4914	4928	4942	4955	4969	4983	4997	5011	5024	5038	13
32	5051	5065	5079	5092	5105	5119	5132	5145	5159	5172	13
33	5185	5198	5211	5224	5237	5250	5263	5276	5289	5302	13
34	5315	5328	5340	5353	5366	5378	5391	5403	5416	5428	13
35	5441	5453	5465	5478	5490	5502	5514	5527	5539	5551	12
36	5563	5575	5587	5599	5611	5623	5635	5647	5658	5670	12
37	5682	5694	5705	5717	5729	5740	5752	5763	5775	5786	12
38	5798	5809	5821	5832	5843	5855	5866	5877	5888	5899	12
39	5911	5922	5933	5944	5955	5966	5977	5988	5999	6010	11
40	6021	6031	6042	6053	6064	6075	6085	6096	6107	6117	11
41	6128	6138	6149	6160	6170	6180	6191	6201	6212	6222	10
42	6232	6243	6253	6263	6274	6284	6294	6304	6314	6325	10
43	6335	6345	6355	6365	6375	6385	6395	6405	6415	6425	10
44	6435	6444	6454	6464	6474	6484	6493	6503	6513	6522	10
45	6532	6542	6551	6561	6571	6580	6590	6599	6609	6618	10
46	6628	6637	6646	6656	6665	6675	6684	6693	6702	6712	9
47	6721	6730	6739	6749	6758	6767	6776	6785	6794	6803	9
48	6812	6821	6830	6839	6848	6857	6866	6875	6884	6893	9
49	6902	6911	6920	6928	6937	6946	6955	6964	6972	6981	9
50	6990	6998	7007	7016	7024	7033	7042	7050	7059	7067	9
51	7076	7084	7093	7101	7110	7118	7126	7135	7143	7152	8
52	7160	7168	7177	7185	7193	7202	7210	7218	7226	7235	8
53	7243	7251	7259	7267	7275	7284	7292	7300	7308	7316	8
54	7324	7332	7340	7348	7356	7364	7372	7380	7388	7396	8

Spalte *D* enthält die Differenz des letzten lg mit dem ersten der folgenden Zeile.

Anmerkung: Außer den Logarithmen mit der Grundzahl 10, Briggssche oder dekadische Logarithmen genannt, gibt es noch die in der Physik gebräuchlichen „natürlichen Logarithmen". Für den Gebrauch einer jeden Logarithmen-Tafel muß man sich mit dem *Berechnen von Zwischenwerten*, „Interpolieren" genannt, vertraut machen:

a) Aufsuchen der *Mantissen* für Zahlen mit mehr Stellen als in der Tafel stehen, z.B. für die Zahl 1415. Wir finden für 141 die Mantisse 1492 und für 142 die Mantisse 1523. Der Unterschied von 31 entspricht bei der Zahl einem Unterschied von 1 Einheit an 3. oder von 10 Einheiten an 4. Stelle. Somit gehört zu einer Einheit der Zahl an 4. Stelle ein Mantissen-

Logarithmen für die Zahlen von 100 bis 999[1]

Zahl	0	1	2	3	4	5	6	7	8	9	D
55	7404	7412	7419	7427	7435	7443	7451	7459	7466	7474	8
56	7482	7490	7497	7505	7513	7520	7528	7536	7543	7551	8
57	7559	7566	7574	7582	7589	7597	7604	7612	7619	7627	7
58	7634	7642	7649	7657	7664	7672	7679	7686	7694	7701	8
59	7709	7716	7723	7731	7738	7745	7752	7760	7767	7774	8
60	7782	7789	7796	7803	7810	7818	7825	7832	7839	7846	7
61	7853	7860	7868	7875	7882	7889	7896	7903	7910	7917	7
62	7924	7931	7938	7945	7952	7959	7966	7973	7980	7987	6
63	7993	8000	8007	8014	8021	8028	8035	8041	8048	8055	7
64	8062	8069	8075	8082	8089	8096	8102	8109	8116	8122	7
65	8129	8136	8142	8149	8156	8162	8169	8176	8182	8189	6
66	8195	8202	8209	8215	8222	8228	8235	8241	8248	8254	7
67	8261	8267	8274	8280	8287	8293	8299	8306	8312	8319	6
68	8325	8331	8338	8344	8351	8357	8363	8370	8376	8382	6
69	8388	8395	8401	8407	8414	8420	8426	8432	8439	8445	6
70	8451	8457	8463	8470	8476	8482	8488	8494	8500	8506	7
71	8513	8519	8525	8531	8537	8543	8549	8555	8561	8567	6
72	8573	8579	8585	8591	8597	8603	8609	8615	8621	8627	6
73	8633	8639	8645	8651	8657	8663	8669	8675	8681	8686	6
74	8692	8698	8704	8710	8716	8722	8727	8733	8739	8745	6
75	8751	8756	8762	8768	8774	8779	8785	8791	8797	8802	6
76	8808	8814	8820	8825	8831	8837	8842	8848	8854	8859	6
77	8865	8871	8876	8882	8887	8893	8899	8904	8910	8915	6
78	8921	8927	8932	8938	8943	8949	8954	8960	8965	8971	5
79	8976	8982	8987	8993	8998	9004	9009	9015	9020	9025	6
80	9031	9036	9042	9047	9053	9058	9063	9069	9074	9079	6
81	9085	9090	9096	9101	9106	9112	9117	9122	9128	9133	5
82	9138	9143	9149	9154	9159	9165	9170	9175	9180	9186	5
83	9191	9196	9201	9206	9212	9217	9222	9227	9232	9238	5
84	9243	9248	9253	9258	9263	9269	9274	9279	9284	9289	5
85	9294	9299	9304	9309	9315	9320	9325	9330	9335	9340	5
86	9345	9350	9355	9360	9365	9370	9375	9380	9385	9390	5
87	9395	9400	9405	9410	9415	9420	9425	9430	9435	9440	5
88	9445	9450	9455	9460	9465	9469	9474	9479	9484	9489	5
89	9494	9499	9504	9509	9513	9518	9523	9528	9533	9538	4
90	9542	9547	9552	9557	9562	9566	9571	9576	9581	9586	4
91	9590	9595	9600	9605	9609	9614	9619	9624	9628	9633	5
92	9638	9643	9647	9652	9657	9661	9666	9671	9675	9680	5
93	9685	9689	9694	9699	9703	9708	9713	9717	9722	9727	4
94	9731	9736	9741	9745	9750	9754	9759	9763	9768	9773	4
95	9777	9782	9786	9791	9795	9800	9805	9809	9814	9818	5
96	9823	9827	9832	9836	9841	9845	9850	9854	9859	9863	5
97	9868	9872	9877	9881	9886	9890	9894	9899	9903	9908	4
98	9912	9917	9921	9926	9930	9934	9939	9943	9948	9952	4
99	9956	9961	9965	9969	9974	9978	9983	9987	9991	9996	4

[1] Nach W. MEYER ZUR CAPPELLEN in Dubbel's Taschenbuch für den Maschinenbau, 11. Aufl., S. 22. Berlin/Göttingen/Heidelberg: Springer 1953.

Unterschied von $31/10 = 3{,}1$. Zu 5 Einheiten gehören somit $5 \cdot 3{,}1 = $ rd. 16, die wir zu der Mantisse 1492 hinzufügen müssen. Die Mantisse für die Zahl 1415 ist also gleich 1508.

b) Aufsuchen der *Zahlen* zu Mantissen, die nicht in der Tafel stehen. Beispiel sei die Mantisse 2383. In der Tafel finden wir zu der Mantisse 2380 die Zahl 173 und zu der Mantisse 2405 die Zahl 174, also kommen hier 10 Einheiten der Zahl in der 4. Stelle auf den Mantissen-Unterschied $2405 — 2380 = 25$. Die gegebene Mantisse hat gegen 2380 den Unterschied $2383 — 2380 = 3$, folglich muß die 10 der 4. Stelle im Verhältnis $3:25$ geteilt werden: $10 \cdot 3/25 = 6/5 = 1{,}2$. Die gesuchte Zahl ist somit 17312.

Merke: Die Kennziffer ist stets um 1 kleiner als die Stellenzahl vor dem Komma. Die negative Kennziffer ist gleich der Anzahl der Nullen, die vor und hinter dem Komma der Zahl stehen, sie wird hinter die Mantisse geschrieben.

Bisher wurden nur Fälle betrachtet, in denen der *Logarithmus* einer Zahl gesucht wurde. Ebenso oft kommt es natürlich vor, daß man zu einem Logarithmus die zugehörige natürliche Zahl, den *Numerus*, bestimmen muß. Für diesen Vorgang verwendet man die Bezeichnung „den Numerus-Logarithmus aufsuchen", abgekürzt nlg, also z.B. lg 3 = 0,4771, nlg 1,4771 = 30.

Die Anwendung der Logarithmen sei an folgenden *Beispielen* mit Hilfe 4-stelliger Logarithmen (Tabelle 8) gezeigt:

a) $335 \cdot 87 \cdot 0,594 = \ ?$

$$\begin{aligned} \text{lg } 335 \ &= 2,5250 \\ + \text{ lg } 87 \ &= 1,9395 \\ + \text{ lg } 0,594 \ &= 0,7738 - 1 \\ \hline \text{Summe} \ &= 5,2383 - 1 = 4,2383 \end{aligned}$$

nlg 4,2383 = 17312

Regel 1: Zwei oder mehr Zahlen werden multipliziert, indem man ihre Logarithmen addiert.

b) $\dfrac{8817 \cdot 0,0183}{23,35} = \ ?$

$$\begin{aligned} \text{lg } 8817 \ &= 3,9454 \\ + \text{ lg } 0,0183 \ &= 0,2625 - 2 \\ \hline \text{Summe} \ &= 4,2079 - 2 = 2,2079 \\ \text{davon ab lg } 23,35 \ & \qquad\quad = 1,3683 \\ \hline & \qquad\qquad\quad 0,8396 \end{aligned}$$

nlg 0,8396 = 6,917

Regel 2: Man dividiert, indem man den Logarithmus des Nenners von dem des Zählers abzieht.

Zu beachten: Ist der lg des Nenners größer als der des Zählers, so vergrößert man die Kennziffer des Zählers hinreichend und gleicht das dadurch aus, daß man die Vergrößerung zugleich mit minus an diesen lg anhängt.

Beispiel: $\dfrac{88,17}{233,5} = \ ?$

$$\begin{aligned} \text{lg } 88,17 = \ & 1,9454 = \quad 2,9454 - 1 \\ - \text{ lg } 233,5 = \ & - 2,3683 = - 2,3683 \\ \hline & \qquad\qquad\qquad 0,5771 - 1 \end{aligned}$$

nlg 0,5771 − 1 = 0,3777

Wenn ein lg abzuziehen ist, der mit einer anhängenden Minus-Kennziffer versehen ist, so muß beim Abziehen das Minuszeichen in + verwandelt werden.

Beispiel: $\dfrac{23,38}{0,855} = \ ?$

$$\begin{aligned} \text{lg } 23,38 = \ & 1,3688 \\ - \text{ lg } 0,855 = \ & - 0,9320 + 1 \\ \hline & 0,4368 + 1 = 1,4368 \end{aligned}$$

nlg 1,4368 = 27,34

c) $4,36^{2,7} = \ ?$

lg 4,36 = 0,6395

$0,6395 \cdot 2,7 = 1,7267$

nlg 1,7267 = 53,3

Regel 3: Man potenziert, indem man den Logarithmus mit dem Exponenten malnimmt.

d) $\sqrt[3]{368} = \ ?$

lg 368 = 2,5658

$2,5658 : 3 = 0,8553$

nlg 0,8553 = 7,167

Regel 4: Man zieht eine Wurzel, indem man den Logarithmus durch den Wurzelexponenten teilt.

Wenn eine Zahl, die kleiner ist als 1, z.B. 0,875, potenziert oder aus ihr eine Wurzel gezogen werden soll, dann muß auch die anhängende Minus-Kennziffer des Logarithmus mit multipliziert bzw. dividiert werden. Bleibt sie dabei keine ganze Zahl, so ergänzt man sie dazu, indem man rechts und links den gleichen Unterschiedsbetrag zuzählt oder abzieht.

1. Beispiel: $0{,}875^{1,8} = ?$ $\lg 0{,}875 = 0{,}9420 - 1$

$$1{,}8 \cdot (0{,}9420 - 1) = 1{,}6956 - 1{,}8 = 0{,}8956 - 1$$

Wir haben links und rechts des Minuszeichens 0,8 abgezogen.

$$\text{nlg } 0{,}8956 - 1 = 0{,}7863$$

2. Beispiel: $\sqrt[3]{0{,}875} = ?$ $\lg 0{,}875 = 0{,}9420 - 1$

$$\text{nlg } 0{,}9807 - 1 = 0{,}9565 \qquad \frac{0{,}9420 - 1}{3} = 0{,}3140 - 0{,}3333 = 0{,}9807 - 1.$$

Wir ergänzen die — 0,3333 zu — 1 und müssen deshalb auch zu 0,3140 den Unterschiedsbetrag von 0,6667 hinzurechnen.

Das Rechnen mit Logarithmen erfordert Übung, bringt aber große Genauigkeit der Ergebnisse und eine erhebliche Zeitersparnis gegenüber dem gewöhnlichen Rechnen, besonders bei vielstelligen Zahlen.

48. Der Rechenschieber mechanisiert das logarithmische Rechnen. Er ist logarithmisch geteilt, sowohl auf dem Rahmen als auch auf der verschiebbaren Zunge. Als Maßstab ist beim gewöhnlichen Rechenschieber für die untere Zahlenreihe die ganze Länge von 250 mm gewählt, die hier somit eine logarithmische Einheit darstellt. Bei der oberen Zahlenreihe ist diese Länge auf zwei logarithmische Einheiten aufgeteilt. Dadurch enthält die obere Zahlenreihe zugleich die Quadrate der senkrecht darunter stehenden Zahlen der unteren Reihe.

Die Abb. 30 zeigt schematisch einen Abschnitt des Rechenschiebers. Die Zunge ist nach rechts herausgezogen und mit ihrem linken Endstrich auf die 1,5 der unteren Zahlenreihe ge-

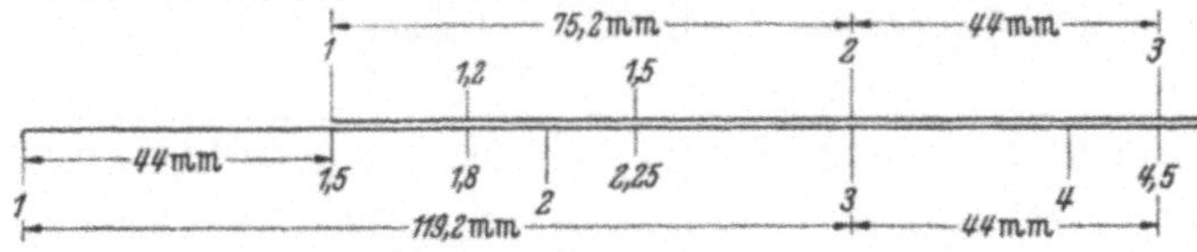

stellt. Man kann daher zu jeder Zahl der Zunge auf der unteren Teilung ihre Multiplikation mit 1,5 ablesen, z. B. 1,8 bei 1,2, 2,25 bei 1,5, 3 bei 2 usw. Für die Zahlen über 10 muß man die Zunge nach links herausziehen und ihren

Abb. 30. Das Rechnen mit dem Rechenschieber

rechten Endstrich auf die 1,5 einstellen. Der mathematische Vorgang bei diesem Rechnen ist folgender:

Die Strecke von 1 bis 1,5 stellt den $\lg 1{,}5 = 0{,}1761$ dar und hat daher nach derselben Überlegung, wie wir sie bei Tabelle 7 angestellt haben, eine Länge von $0{,}1761 \cdot 250 = 44$ mm. Entsprechend ist die Strecke auf der Zunge von 1 bis 2 als $\lg 2 = 0{,}3010$, malgenommen mit dem Maßstab, $0{,}3010 \cdot 250$ mm $= 75{,}2$ mm lang. Da wir beide Strecken aneinander legen und zusammenrechnen, erhalten wir $44 + 75{,}2 = 119{,}2$ mm. Das ist aber auf der unteren Teilung der Abstand von 1 bis 3, denn $\lg 3 = 0{,}4771$ und $0{,}4771 \cdot 250 = 119{,}2$. Die Strecke von 2 bis 3 ist gleich der Strecke von 3 bis 4,5, beide sind gleich 44 mm wie die Strecke von 1 bis 1,5, denn

$$\lg 3 - \lg 2 = \lg \tfrac{3}{2} = \lg 1{,}5 \text{ und ebenso auch } \lg 4{,}5 - \lg 3 = \lg \frac{4{,}5}{3} = \lg 1{,}5.$$

Beim Teilen muß man die Logarithmen, also auch die Teilstrecken voneinander abziehen. Man liest dann das Ergebnis beim Endstrich der Zunge auf der unteren Teilung des Rahmens ab. Für die Bestimmung der Stellenzahl gibt es zwar gewisse Regeln, es empfiehlt sich aber, im Kopfe grob mitzurechnen und dabei die Stellenzahl festzulegen.

Man kann mit dem Rechenschieber außer dem Multiplizieren und Dividieren auch noch quadrieren, zur dritten Potenz erheben, Quadratwurzel und dritte Wurzel ausziehen, außerdem sind noch zusätzliche Teilungen daran für das Aufsuchen von Logarithmen bzw. umgekehrt (aber nur auf 3 Stellen genau) und für Winkelberechnungen. Dazu sei auf die Gebrauchsanweisung verwiesen, die man beim Kauf eines Rechenschiebers mit bekommt.

49. Arithmetische und geometrische Reihen, Normungszahlen. Schreibt man die Drehzahlen einer Werkzeugmaschine hin, z. B. 16, 24, 36, 64, 96, 144, 216, 324, so spricht man von einer Zahlenreihe und benennt sie nach den Beziehungen, die zwischen den einzelnen Gliedern dieser Reihe bestehen. In dem Beispiel ist immer das nächste Glied das 1,5fache des vorhergehenden. Man könnte die Reihe also auch schreiben: 16, $16 \cdot 1{,}5$, $16 \cdot 1{,}5^2$, $16 \cdot 1{,}5^3 \ldots$ bis $16 \cdot 1{,}5^7$. Eine solche Reihe, deren Aufbau durch einen Faktor gegeben ist, nennt man eine *geometrische* Reihe. Daneben gibt es auch *arithmetische* Reihen, dadurch gekennzeichnet, daß immer das folgende Glied um einen gleichen Betrag größer ist, als das vorhergehende, wie

z. B. 10, 15, 20, 25, 30 usw., so daß man auch schreiben kann 10, 10 + 5, 10 + 2·5, 10 + 3·5, 10 + 4·5 usw.

Für die *Drehzahlstufen* von Werkzeugmaschinen ist die arithmetische Reihe nicht geeignet, weil z. B. von 10 bis 15 die Drehzahl um 50%, aber von 100 bis 105 nur noch um 5% zunehmen und man zu viele Stufen erhalten würde. Verwendet werden *geometrische* Reihen, bei denen dieses Verhältnis der Drehzahlzunahme von Stufe zu Stufe, der sogenannte *Stufensprung*, über den ganzen Drehzahlbereich gleich bleibt. Man hat sich auf bestimmte Reihen geeinigt, diese genormt und so für die Arbeitsvorbereitung und für die Vorkalkulation klare, übersichtliche Verhältnisse geschaffen. Die genormten Drehzahlreihen sind aus den sogenannten *Normungszahlen* abgeleitet worden, die in dem Normblatt DIN 323 enthalten sind. Wir wollen deshalb die Normungszahlen kurz besprechen.

Als *Grundreihe* hat man die sogenannte 40er Reihe aufgestellt, das ist die Reihe, die eine Dezimale, also 1 bis 10 oder 10 bis 100 usw., in 40 Stufen geometrisch aufteilt. Da der Stufensprung ein Faktor sein muß, mit dem man das vorhergehende Glied jeweils malnimmt, muß sich eine Addition ergeben, wenn man statt der Glieder selbst ihre Logarithmen als Reihe hinschreibt: Die Logarithmen einer geometrischen Reihe bilden eine arithmetische Reihe. So z. B. würde die Reihe 16, 24, 36 usw. logarithmisch geschrieben lauten: $\lg 16$, $\lg 16 + \lg 1{,}5$, $\lg 16 + 2 \cdot \lg 1{,}5$ usw. Genau so hat man die 40er Reihe entwickelt: Der Stufensprung ist zunächst noch unbekannt, wir nennen ihn x; das erste Glied ist die Zahl 1, $\lg 1 = 0$, das zweite Glied, logarithmisch geschrieben, ist $0 + \lg x$, das dritte $0 + 2 \cdot \lg x$, das vierte $0 + 3 \cdot \lg x$ usw., schließlich das 41. Glied $0 + 40 \cdot \lg x$. Dieses Glied ist die Zahl 10, deren Logarithmus gleich 1 ist, also $0 + 40 \cdot \lg x = \lg 10$ oder $40 \cdot \lg x = 1$. Daraus berechnen wir $\lg x = 1/40 = 0{,}025$ und haben damit die Reihe gefunden. Die Logarithmen der ersten 13 Glieder dieser Reihe sind in der obersten Zeile der Tabelle 9 angegeben, darunter stehen die zu diesen Logarithmen gehörenden natürlichen Zahlen, die nlg, und in der dritten Zeile die in dem Normblatt gerundet festgelegten „Normungszahlen“. Die Reihe selbst ist nach oben und nach unten unbegrenzt, die Zahlen von 1 bis 10, von 10 bis 100, usw., ebenso von 0,1 bis 1, von 0,01 bis 0,1 usw. sind immer dieselben, nur das Komma steht in jeder Gruppe um eine Stelle verschoben.

Tabelle 9. Ableitung der Normungszahlen (DIN 323)[1]

lg	0,0	0,025	0,050	0,075	0,100	0,125	0,150	0,175	0,200	0,225	0,250	0,275	0,300
Zahl	1,0	1,059	1,122	1,188	1,259	1,334	1,413	1,496	1,585	1,679	1,778	1,884	1,995
Norm	1,0	1,06	1,12	1,18	1,25	1,32	1,40	1,50	1,60	1,70	1,80	1,90	2,00

[1] Zu den Norm-Blättern wird bemerkt: Maßgebend ist stets die neueste Auflage des betr. Normblattes, die vom Beuth-Vertrieb, Berlin W 15 oder Köln, zu beziehen ist.

Da die Stufung der 40er Reihe für viele Fälle der Praxis zu fein ist, z. B. für die Abstufung der Größe von Dieselmotoren, um ein Anwendungsbeispiel zu nennen, hat man als *Auswahlreihen* die 20er, 10er und 5er Reihe genormt. Man nimmt also jeweils nur jedes 2., 4. oder gar 8. Glied der 40er Reihe. Nach der 5er Reihe würde die Größenstufung für Dieselmotoren lauten: 10, 16, 25, 40, 63, 100 PS, wie man sieht, eine Reihe, nach der man sehr gut eine Fabrikation aufbauen kann. Handelt es sich um Großmotoren, z. B. für den Schiffsantrieb, so kann man z. B. das 100fache dieser Reihe nehmen.

Die *Stufensprünge der genormten Zahlenreihen* sind: 40er Reihe = 1,06, 20er Reihe = 1,12, 10er Reihe = 1,25 und 5er Reihe = 1,6, wie in der Tabelle 9 zu sehen ist.

50. Genormte Drehzahlen für Werkzeugmaschinen. In dem Normblatt DIN 804 sind die *Lastdrehzahlen* der Werkzeugmaschinen genormt. Lastdrehzahlen entstehen dadurch, daß die Drehzahl gegenüber der Leerlaufdrehzahl bei Belastung der Maschine infolge Riemenschlupf oder infolge Schlupf des Elektromotors oder infolge beider nachläßt. Der Schlupf gebräuchlicher Drehstrommotoren beträgt ungefähr 6%, ihre theoretische Leerlaufdrehzahl z. B. 3000 oder 1500 U/min, ihre Lastdrehzahl also rd. 2800 oder 1400 U/min. Bei der Normung der Lastdrehzahlen für Werkzeugmaschinen war man deshalb bemüht, aus der 40er Reihe, deren Stufung für die Werkzeugmaschinen-Drehzahlen viel zu fein ist (Getriebe zu teuer), gröbere Reihen auszuwählen und zwar solche, in denen die Zahlen 2800 und 1400 enthalten sind. Genormt sind für die Drehzahlen als *Grundreihe* die Reihe R 20 und als *Auswahlreihen* die Reihen R 20/2, R 20/3, R 20/4 und R 20/6, wie sie in der Tabelle 10 angegeben sind. In den Auswahlreihen sind, abgesehen von R 20/3, Drehzahlen 10, 100, 1000 nicht enthalten, weil sonst die Zahlen 2800 und 1400 herausgefallen wären. Die Reihe R 20/4 kann nur entweder die Zahl 2800 oder 1400 enthalten. Die Reihen R 20/3 und R 20/6 sind in der Tabelle für 3 Dezimalbereiche angegeben, weil sich ihre Zahlen erst in jedem vierten Dezimalbereich wiederholen, während bei den andern Reihen in jedem Dezimalbereich dieselben Zahlen vorkommen. Die Reihen R 20, R 20/2 und R 20/4 können nach oben und unten beliebig verlängert werden durch Vervielfachen bzw. Teilen mit 10, 100 usw.

Beispiele: a) Drehbank mit 16 Drehzahlen der Reihe R 20/2: 14, 18, 22,4, 28, 35,5, 45, 56, 71, 90, 112, 140, 180, 224, 280, 355, 450.

Baut man diese Drehbank mit einer kleinsten Drehzahl von 11,2, dann ist die höchste Drehzahl 355. Ist jedoch an höheren Drehzahlen mehr gelegen, dann beginnt man mit 18 oder 22,4 und kommt bis zu 560 oder 710.

Tabelle 10. *Lastdrehzahlen für Werkzeugmaschinen nach DIN 804 (siehe Fußnote zu Tabelle 9)*

Auswahlreihen

Bezeichnung	Grundreihe R 20	R 20/2	R 20/3 (..2800..)			R 20/4 (..1400..)	R 20/4 (..2800..)	R 20/6 (...2800..)		
Stufensprung	1,12	1,25	1,4			1,6	1,6	2,0		
Drehzahlen	100									
	112	112	11,2				112	11,2		
	125			125						
	140	140			1400	140				1400
	160		16							
	180	180		180			180		180	
	200				2000					
	224	224	22,4			224		22,4		
	250			250						
	280	280			2800		280			2800
	315		31,5							
	355	355		355		355			355	
	400				4000					
	450	450	45			450	450	45		
	500			500						
	560	560			5600	560				5600
	630		63							
	710	710		710		710	710		710	
	800				8000					
	900	900	90			900		90		
	1000			1000						

Anmerkung: Nach dem Normblatt dürfen die genormten Drehzahlen in der Praxis bis zu 2% unterschritten und bis zu 4,5% überschritten werden.

b) Bohrmaschine mit 6 Drehzahlen der Reihe R 20/6: 22,4, 45, 90, 180, 355, 710 oder 45, 90, 180, 355, 710, 1400.

c) Drehbank mit 8 Drehzahlen der Reihe R 20/4, in der die Zahl 2800 enthalten sein soll:

           18, 28, 45, 71, 112, 180, 280, 450;

oder: 28, 45, 71, 112, 180, 280, 450, 710.

51. Zusammenhang zwischen Durchmesser, Schnittgeschwindigkeit und Drehzahl. Der Durchmesser des Werkstückes an der Bearbeitungsstelle (Abb. 31) sei D (mm), die Drehzahl des Werkstückes n (U/min) und die Schnittgeschwindigkeit v (m/min), gemessen am größten vom Werkzeug berührten Umfang. Nach Gl. (2) in Abschn. 22 ist der Umfang des Werkstückes $D \cdot \pi$ (mm). Dieser Umfang bewegt sich in einer Minute n-mal am Drehmeißel vorbei, also ist die Schnittgeschwindigkeit $D \cdot \pi \cdot n$ (mm/min). Teilen wir diesen Ausdruck, um m/min zu bekommen, durch 1000, so erhalten wir die Gleichung für die *Schnittgeschwindigkeit*

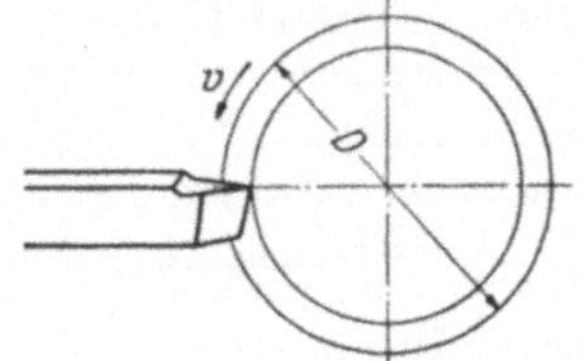

Abb. 31. Schema „Drehen"

$$v = \frac{D \cdot \pi \cdot n}{1000} \ \text{m/min} \ . \tag{14}$$

Beispiele: a) $D = 145$ mm, $n = 71$ U/min, $v = \dfrac{145 \cdot \pi \cdot 71}{1000} = 32,4$ m/min. b) $D = 235$ mm, $n = 35,5$ U/min, $v = \dfrac{235 \cdot \pi \cdot 35,5}{1000} = 26,3$ m/min.

In vielen Fällen ist die Schnittgeschwindigkeit vorgeschrieben und die *Drehzahl* wird gesucht. Dafür muß man die Gleichung (14) umformen: Bringt man $\dfrac{D \cdot \pi}{1000}$ auf die andere Seite, indem man links und rechts in Gleichung (14) mit $\dfrac{1000}{D \cdot \pi}$ malnimmt, dann erhalten wir links $\dfrac{1000 \cdot v}{D \cdot \pi}$ und rechts hebt sich $\dfrac{D \cdot \pi}{1000}$ weg und n bleibt stehen. Die Gleichung lautet nun:

$$n = \frac{1000 \cdot v}{D \cdot \pi} \ \text{U/min} \ . \tag{15}$$

Beispiele: a) Ein Werkstück von 80 mm Durchmesser soll mit einer Schnittgeschwindigkeit von 30 m/min abgedreht werden. Gesucht ist die Drehzahl. Gegeben sind also $D = 80$ mm, $v = 30$ m/min; wir können die Gleichung (15) anwenden: $n = \dfrac{1000 \cdot v}{D \cdot \pi} = \dfrac{1000 \cdot 30}{80 \cdot \pi} = 119$ U/min.

Nun kommt es darauf an, ob diese Drehzahl an der Drehbank wirklich vorhanden ist. Wenn sie z. B. Drehzahlen hat nach der Normungsreihe R 20/2, dann ist die nächstniedrige[1] Drehzahl gleich 112 U/min. Damit erhält man dann nach Gl. (14) die Schnittgeschwindigkeit, mit der wirklich gedreht wird, $v = \dfrac{80 \cdot \pi \cdot 112}{1000} = 28{,}1$ m/min.

Die Gl. (14) und (15) gelten für Bohrmaschinen und Fräsmaschinen ebenso wie für Drehbänke, nur bezeichnet dann D den Bohrer- bzw. Fräser-Durchmesser in mm und die Schnittgeschwindigkeit ist die Umfangsgeschwindigkeit des *Werkzeuges* statt beim Drehen des *Werkstückes*.

b) Auf einer Bohrmaschine mit den Drehzahlen $n = 45$ bis 450 nach der Normungsreihe R 20/4 sollen Löcher von 23 mm Durchmesser mit einer Schnittgeschwindigkeit von 28 m/min gebohrt werden. Nach Tabelle 6 sind die Drehzahlen: 45, 71, 112, 180, 280, 450. Wir berechnen nach Gl. (15) $n = \dfrac{1000 \cdot 28}{23 \cdot \pi} = 388$ U/min. Die nächstniedere Drehzahl ist 280. Dabei ist dann die Schnittgeschwindigkeit $v = \dfrac{23 \cdot \pi \cdot 280}{1000} = 20{,}2$ m/min.

c) Auf einer Fräsmaschine soll mittels Walzenfräser von 80 mm Durchmesser eine Fläche gefräst werden. Schnittgeschwindigkeit 16 m/min; welche Drehzahl ist zu schalten, wenn die Maschinendrehzahlen nach Normreihe R 20/3 gestuft sind?

Wir rechnen wieder wie vorher: $n = \dfrac{1000 \cdot 16}{80 \cdot \pi} = 63{,}5$ U/min. Nach Tabelle 6 ist die nächstliegende Drehzahl gleich 63 U/min, ein Nachrechnen der Schnittgeschwindigkeit ist hier nicht nötig.

52. Schnittgeschwindigkeits-Schaubilder. Die vorstehenden Beispiele lassen zur Genüge erkennen, wie wichtig es ist, daß bei der Vorkalkulation die wirklichen Drehzahlen der Werkzeugmaschinen berücksichtigt werden. Andererseits erfordern solche Berechnungen beträchtliche Zeit, auch mit dem Rechenschieber. Diese Zeit und auch die Mühe des Rechnens kann man verkleinern, wenn man Schaubilder verwendet, in denen der Zusammenhang zwischen Drehzahl, Werkstück (beim Fräsen und Bohren: Werkzeug) und Schnittgeschwindigkeit unmittelbar zu übersehen ist. Es gibt zwei Arten solcher Schaubilder, *numerische*, d. h. mit natürlichen Zahlen gezeichnete, und *logarithmische*.

An das Liniennetz (Abb. 32) sind von links nach rechts die Durchmesser D und von unten nach oben die Schnittgeschwindigkeiten v geschrieben. In dieses Liniennetz soll ein *Schaubild* für die Drehzahlen $n = 18, 28, 45, 71, 112, 180, 280, 450, 710$ (Reihe R 20/4) eingezeichnet werden. Gl. (14) besagt, daß bei gleichbleibender Drehzahl n die Schnittgeschwindigkeit v im gleichen Verhältnis zunimmt wie D. Nehmen wir z. B. $n = 28$ und rechnen die v für verschiedene D aus, so erhalten wir:

$D =$	0	100	200	400	600
$v =$	0	8,8	17,6	35,2	52,8

---

[1] Wenn Schnittgeschwindigkeiten in Tabellen angegeben werden, dann sind es in der Regel die für den betreffenden Fall zulässigen Höchstgeschwindigkeiten, die mit Rücksicht auf die sonst zu schnelle Abstumpfung des Werkzeuges nicht überschritten werden sollen.

Diese Zahlen ergeben je zwei zusammen, z. B. $D = 100$ und $v = 8,8$, einen Punkt in dem Liniennetz und diese Punkte liegen, wenn wir sie miteinander verbinden, auf einer geraden Linie die durch den 0-Punkt geht. Es genügt also, wenn man für jede Drehzahl *einen* solchen Punkt berechnet, dann kann man eine gerade Linie durch 0 und den berechneten Punkt hindurchziehen und die betreffende Drehzahl daran schreiben. Auf diese Weise ist die Abb. 32 gezeichnet worden.

Wenn nun z. B. ein Durchmesser $D = 250$ mm mit einer Schnittgeschwindigkeit $v = 40$ m/min bearbeitet werden soll, so zieht man von $D = 250$ eine Senkrechte nach oben und von $v = 40$ eine Waagerechte nach rechts (praktisch natürlich nur in Gedanken), die sich in A treffen. Punkt A liegt zwischen $n = 45$ und $n = 71$. Die nächstniedere Drehzahl ist $n = 45$. Zieht man vom Schnittpunkt B dieser n-Linie mit der vom Punkt 250 nach A gezogenen Senkrechten nach links eine Waagerechte, so trifft diese die v-Linie bei 35, d. h. die wirkliche Schnittgeschwindigkeit ist 35 m/min. Wenn zwei der Größen D, v und n bekannt sind, kann man in dem Schaubild unmittelbar die dritte finden. Im betrachteten Beispiel würde bei $n = 71$ (Buchstabe C) $v = 56$, also viel zu groß werden.

Zeichnet man für eine bestimmte Schnittgeschwindigkeit, z. B. $v = 30$, eine Waagerechte, so erkennt man an den schraffierten Flächen die durch Wahl der nächstniederen Drehzahl entstehenden Schnittgeschwindigkeitsverluste. Wegen dieser dreieckigen Flächen wird dieses Schaubild auch wohl „Sägendiagramm" genannt; es hat natürlich im übrigen mit einer Säge nichts zu tun.

Ein Nachteil des eben beschriebenen Schaubildes liegt darin, daß die n-Linien alle bei 0 zusammenlaufen und daher die Ablesung für die kleineren Werte von D und v schwierig und ungenau wird. Deshalb hat man noch eine andere Art dieses Schaubildes, nämlich mit logarithmischer Teilung entwickelt, das außerdem den Vorzug hat,

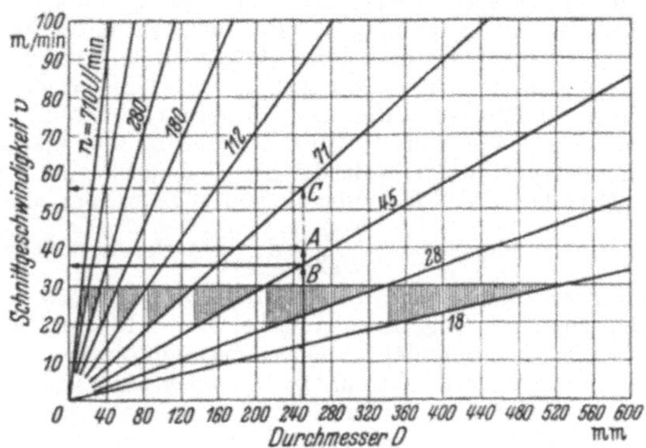

Abb. 32. Schnittgeschwindigkeitsschaubild für $v = \dfrac{D \cdot \pi \cdot n}{1000}$ m/min
(Strahlendiagramm, auch wohl Sägendiagramm genannt)

Eingetragenes Beispiel: Zu $D = 250$ und $v = 40$ ist die Drehzahl zu bestimmen. Ergebnis: Die (in Wirklichkeit nur gedachte) Senkrechte in $D = 250$ trifft die Waagerechte für $v = 40$ in A; A liegt zwischen den Strahlen für $n = 45$ und $n = 71$; die nächstniedere Drehzahl $n = 45$ ergibt vom Schnittpunkt B mit der Waagerechten nach links die Schnittgeschwindigkeit $v = 35$ m/min. Für die nächsthöhere Drehzahl $n = 71$ würde man mit dem Schnittpunkt C die Schnittgeschwindigkeit $v = 56$ m/min erhalten.

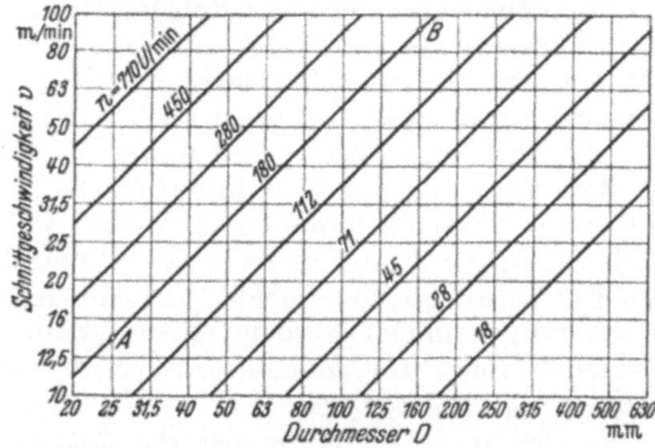

Abb. 33. Doppeltlogarithmisches Schnittgeschwindigkeitsschaubild

noch weitere Angaben für die Bestimmung der Schnittdauer aufnehmen zu können, wie z. B. in der AWF-Maschinenkarte geschehen ist.

Für das *logarithmische* Schaubild muß zunächst wieder das Liniennetz gezeichnet werden. Wie in Abb. 32 werden auch in Abb. 33 waagerecht von links nach rechts die Durchmesser D, senkrecht von unten nach oben die Schnittgeschwindigkeiten v aufgetragen, aber hier in logarithmischer Teilung. Daher spricht man von einem „doppelt"-logarithmischen Liniennetz. Dazu sind in Abbb. 33 die Normungszahlen der 10er Reihe (vgl. Abschn. 49) verwendet worden, die, im logarithmischen Maßstab aufgezeichnet, untereinander den gleichen Abstand haben. Man kann also gewöhnliches kariertes oder mm-Papier dafür verwenden. Es ist auch möglich, für die senkrechte Teilung einen anderen Maßstab zu nehmen als für die waagerechte Teilung; das wirkt sich dann nur in der Neigung der einzutragenden n-Linien aus, die bei gleicher Teilung unter 45° geneigt sind, wie in Abb. 33. Zum Eintragen einer solchen Linie kann man zwei Punkte ausrechnen, indem man zwei Durchmesser oder zwei Geschwindigkeiten wählt, z. B. zu

$n = 180$: für $D = 25$ ist $v = \dfrac{25 \cdot \pi \cdot 180}{1000} = 14{,}1$ und für $D = 160$ ist $v = \dfrac{160 \cdot \pi \cdot 180}{1000} = 90{,}5$ m/min;

diese beiden Punkte sind mit A und B auf den Senkrechten für $D = 25$ und $D = 160$ angegeben; durch A und B ist die Lage der Linie $n = 180$ bestimmt. Die n-Linien sind einander parallel und haben gleichen Abstand voneinander, weil sie aus einer Reihe der Normungszahlen ausgewählt sind und sich nur durch den Faktor, der den Stufensprung darstellt, unterscheiden. Im logarithmischen Rechnen und in der logarithmischen Darstellung wird ein Faktor zu einer Additionsgröße, denn „Logarithmen werden addiert, wenn die zugehörigen natürlichen Zahlen multipliziert werden sollen" (Abschn. 47, Regel 1). Ist der Faktor zwischen den Drehzahlen derselbe, so muß also auch der zu addierende Logarithmus und damit der Abstand derselbe sein. Wie A und B für $n = 180$ könnte man auch für die übrigen Drehzahlen je zwei Punkte berechnen. Da die Linien aber parallel sind, würde auch je 1 Punkt genügen.

Bei den AWF-Maschinenkarten findet man die Lage der n-Linien etwas anders: Man setzt in der Gl. (14) $v = \dfrac{D \cdot \pi \cdot n}{1000}$ den Durchmesser $D = \dfrac{1000}{\pi} = 318$, so daß sich $\dfrac{\pi \cdot D}{1000}$ in der Gleichung heraushebt und die Schnittgeschwindigkeit v zahlenmäßig gleich der Drehzahl n wird. Zieht man im Diagramm nun bei $D = 318$ eine Senkrechte, die in Abb. 33 fast genau mit $D = 315$ zusammenfällt, so kann man auf dieser unmittelbar die Drehzahlen ($n = v$) auftragen und durch diese Punkte unter 45° die n-Linien ziehen. Liegt der Schnittpunkt mit $D = 318$, wie für einige n-Linien in Abb. 33, außerhalb des Liniennetzes, dann zieht man die Hilfslinie bei $D = 31{,}8$ und trägt darauf die Punkte bei $v = n/10$, also hier bei $v = 71$ für die Linie $n = 710$, bei $v = 45$ für die Linie $n = 450$ usw. ein. Das Schaubild Abb. 27 ist grundsätzlich in der gleichen Weise gezeichnet worden und dann hat man es aus praktischen Gründen so gedreht, daß die n-Linien waagerecht liegen (s. z. B. Abb. 12, S. 41).

V. Arbeitszeitermittlung beim Drehen

In diesem Kapitel wird das Berechnen der Laufzeiten beim Drehen und die Ermittlung der Zeiten für Hilfs- und Nebenarbeiten so weit behandelt, daß der Dreher es lernt, seine Drehzeiten und persönlichen Griffzeiten durch Berechnung und Selbstbeobachtung festzustellen. Dazu sei bemerkt, daß für die Ausbildung eines Vorkalkulators natürlich noch weitere Kenntnisse notwendig sind: Er muß mit den verschiedenen Unterlagen und Hilfsmitteln der Arbeitszeitermittlung eingehend vertraut und vor allem auch in der Durchführung und Auswertung von Arbeits- und Zeitstudien[1] geübt sein.

Man muß grundsätzlich unterscheiden zwischen den *Hauptzeiten*, in denen die Arbeit selbst im Sinne des Auftrages weiterkommt (beim Drehen die Zeiten, in denen Späne abgenommen werden), und den *Rüst-* und *Nebenzeiten*, in denen die Einrichte-, Spann-, Schalt- und Meßarbeiten zur Ermöglichung der Hauptarbeit vorgenommen werden. Dazu kommen dann noch die *Verteilzeiten*, die zusätzlich durch unvermeidliche Arbeitsstörungen und Unterbrechungen, Wartezeiten u. dgl. bedingt sind.

An der *Hauptzeit* ist immer die Maschine beteiligt. Dabei muß man aber unterscheiden, ob der Vorschub selbsttätig durch die Maschine oder von Hand erfolgt. Im ersten Falle spricht man von *Maschinenzeit*, im zweiten von *Handzeit*. Die Maschinenzeit ist ganz mechanisch durch die Drehzahl des Werkstückes und den Vorschub des Werkzeuges bestimmt. Sie kann bei Kenntnis dieser Größen berechnet werden. Die Hauptzeit-Handzeit dagegen kann man nicht mit gleicher Sicherheit berechnen, weil hier der Vorschub vom Gefühl des Drehers abhängt. Sie ist ganz ähnlich wie die übrigen Handzeiten durch die menschlichen Verhältnisse bedingt. Man kann dafür nur auf Grund häufigerer Beobachtung Durchschnittswerte als sogenannte Erfahrungs- oder Richtwerte aufstellen.

53. Die Drehzahlen der Hauptspindel (Drehspindel) sind je nach Bauart der Drehbank in bestimmter Weise abgestuft, um Werkstücke verschiedenen Durch-

---

[1] Auskünfte erteilt die Hauptgeschäftsstelle des *Verbandes für Arbeitsstudien-Refa-E.V.*, Darmstadt.

messers und aus verschiedenen Werkstoffen mit der für sie günstigsten Umdrehungszahl bearbeiten zu können. Die Drehzahlen der neueren Bänke sind meist auf einem Schild an der Maschine angegeben. Es empfiehlt sich aber, sie bei Leerlauf oder kleinem Span und bei größeren Spänen nachzuprüfen, denn sowohl Treibriemen[1] als auch Elektromotoren erleiden bei Belastung einen gewissen *Schlupf*, der bei Treibriemen außerdem noch von deren Anspannung beeinflußt wird. Für die nachfolgenden Berechnungen legt man dann zweckmäßig die *Lastdrehzahlen* (Tabelle 10) zugrunde, weil dies die Mindestdrehzahlen sind und die damit berechnete Zeit beim Drehen nicht überschritten wird.

Es sei eine Drehbank mit 9 Drehzahlen gegeben, wie sie schon in den Abb. 32 und 33 zugrunde gelegt worden ist. An neuzeitlichen Drehbänken befindet sich meistens eine Tafel mit einem Schaltbild wie Abb. 27 (s. Abb. 12, S. 41). Ist es nicht vorhanden, so kann sich jeder Dreher für *seine* Drehbank leicht ein Schaubild nach Abb. 32 oder 33 selbst aufzeichnen, wie im Abschnitt 52 beschrieben. Das Schaubild erfüllt zwei Aufgaben, wie auch bereits hervorgehoben wurde: a) Man kann damit schnell feststellen, welche Schaltstufe der Maschine man nehmen muß, wenn Drehdurchmesser und Schnittgeschwindigkeit bekannt sind; b) man kann feststellen, mit welcher Schnittgeschwindigkeit man bei einer bestimmten Drehzahl wirklich arbeitet.

Zur Übung wird empfohlen, mehrere Schaubilder nach Abb. 32 und 33, möglichst auch nach Abb. 27, aufzuzeichnen, dabei beliebig gewählte Drehzahlen zugrunde zu legen und dann damit selbst gewählte Aufgaben, wie sie praktisch vorkommen, zu lösen. Der Leser wird dann selbst empfinden, welche Freude es macht, solche Schaubilder zu entwerfen und damit zu arbeiten.

54. Berechnen der Laufzeit (Schnittdauer) für das Längsdrehen. Für die aufzustellenden Gleichungen werden folgende Bezeichnungen verwendet:

D Durchmesser (mm),
L Drehlänge (mm), einschließlich An- und Überlauf,
n Umdrehungen (U/min),

s Vorschub (mm/U),
v Schnittgeschwindigkeit (m/min),
i Anzahl der Schnitte,
t_h Hauptzeit (min).

Schnittgeschwindigkeiten und Vorschübe hängen ab von verschiedenen Eigenschaften des Werkstückes, des Drehmeißels und der Drehbank. Umfangreiche wissenschaftliche Untersuchungen sind angestellt worden, um diese Verhältnisse zu klären, auch heute wird noch an diesen Fragen gearbeitet; eine Fülle von Ergebnissen ist bereits der Öffentlichkeit bekanntgegeben[2]. *Schnittgeschwindigkeiten,*

---

[1] An dieser Stelle sei kurz die *Berechnung eines Riementriebes* eingefügt, weil diese Aufgabe in der Werkstatt oft vorkommt. In Abb. 34 ist A die treibende und B die getriebene Scheibe. Man rechnet ganz ähnlich wie bei Wechselrädern, nur daß bei Riementrieben die Scheibendurchmesser an die Stelle der Zähnezahlen treten. Hat die treibende Scheibe A z. B. einen Durchmesser von 400 mm und die getriebene Scheibe B von 200 mm, so ist ihr Umfang $400 \cdot 3{,}14$ mm und $200 \cdot 3{,}14$ mm. Das Scheibenverhältnis (Radverhältnis) ist also:

$$\frac{400 \cdot 3{,}14}{200 \cdot 3{,}14} = \frac{400}{200} = \frac{2}{1}.$$

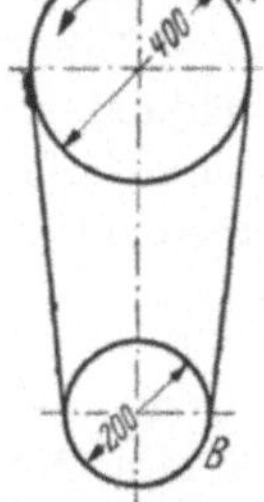

Abb. 34

Macht das treibende Rad eine Umdrehung, so macht das getriebene zwei, weil der Riemen die Umfangsgeschwindigkeit der treibenden Scheibe annimmt und auf die getriebene überträgt. Läuft also die treibende Welle mit 150 Uml/min, so muß die getriebene 300 U/min machen.

Merke: Die Drehzahl der getriebenen Welle ist gleich der Drehzahl der treibenden Welle mal Scheibenverhältnis. Will man den Riemenschlupf berücksichtigen, so muß man von der berechneten Drehzahl der getriebenen Welle 5 bis 10% absetzen.

[2] Zum Beispiel in Werkstattbuch 61: Zerspanbarkeit der Werkstoffe, oder Heft 62: Hartmetalle in der Werkstatt, auch Heft 88: Das Fräsen.

wie man sie unter mittleren Verhältnissen als ersten Anhalt annehmen kann, sind in Tabelle 11 wiedergegeben. Für den *Vorschub* kommen vor allem die Dicke der abzuhebenden Schicht, die Güte und Genauigkeit der zu schaffenden Fläche, die Art und Größe des Werkstückes, kurz eine solche Anzahl von Gesichtspunkten in Frage, daß hier keine bestimmten Werte angegeben werden können. Man muß den Vorschub von Fall zu Fall nach den praktischen Verhältnissen wählen. Er liegt meist zwischen 0,1 und 1 mm/U.

Tabelle 11. *Schnittgeschwindigkeiten beim Drehen mit Schnellstahl und Hartmetall (Werte für Überschlagsrechnungen, nicht Höchstleistungen)*

Zu bearbeitender Werkstoff	v m/min		Zu bearbeitender Werkstoff	v m/min	
	Schnellstahl	Hartmetall		Schnellstahl	Hartmetall
Werkzeugstahl	9	25	Bronze	40	200
Legierter Stahl	11	30	Messing	60	300
Stahlguß	13	40	Leichtmetalle . . .	120	500
Stahl, Grauguß	18	60	Hartgummi	—	200
Temperguß	18	60	Kunststoffe	—	100

1. Aufgabe: Eine Welle aus Stahlguß soll mit 2 Schnitten geschruppt werden. $D = 60$ mm, $L = 600$ mm, mittelschwere Schnelldrehbank mit Umdrehungen nach Abb. 32. Wie groß ist die Laufzeit, wenn der Vorschub $s = 0,5$ mm/U beträgt?

Lösung: Tabelle 11 nennt für Stahlguß 13 m/min Schnittgeschwindigkeit, also $v = 13$. D ist $= 60$ mm, folglich sind nach Abb. 32 oder 33 $n = 71$ U/min einzuschalten. $n = 71$ Umdrehungen erfordern 1 min Laufzeit. Kennt man die Gesamtzahl der Umdrehungen, so braucht man diese Zahl nur durch 71 (also durch n) zu teilen, um die Gesamtlaufzeit (t_h) zu erhalten. Die Gesamtumlaufzahl ist aber leicht zu ermitteln; sie ist Drehlänge (L) geteilt durch Vorschub (s), also Gesamtumlaufzahl $= \dfrac{L}{s}$ Umdrehungen. Teilen wir diesen Betrag durch die minutlichen Umdrehungen, also durch n, so erhalten wir für einen Schnitt die Hauptzeit $\dfrac{L}{n \cdot s}$ min, folglich für i Schnitte

$$t_h = \frac{i \cdot L}{n \cdot s} \text{ min} . \tag{16}$$

In unserer Aufgabe ist $i = 2$, $L = 600$, $n = 71$ und $s = 0,5$, somit

$$t_h = \frac{2 \cdot 600}{71 \cdot 0,5} = 1200 : 35,5 = 1200 : 355 = 33,8 \text{ min} .$$

2. Aufgabe: Eine Buchse aus Bronze, 80 mm lang, ist innen mit 2 Schnitten zu schruppen und mit 1 Schnitt zu schlichten. Schnittgeschwindigkeit für beide Fälle nach Tabelle 11 gleich 40 m/min, Vorschub beim Schruppen 0,25 mm/U und beim Schlichten 0,11 mm/U. Fertigmaß der Buchse innen 80 mm, Rohmaß 68 mm; die Schnittiefe wird also beim Schruppen rd. 2,8 mm betragen, so daß beim Schlichten noch eine Schicht von 0,2 mm abzunehmen ist. Als Drehdurchmesser wird immer der größte, vom Drehmeißel berührte Durchmesser betrachtet, weil bei ihm die größte Schnittgeschwindigkeit herrscht. Wir haben also beim Schruppen die Drehdurchmesser $68 + 5,6 =$ rd. 74 mm, dann $80 - 0,4 = 79,6$ mm und beim Schlichten 80 mm. Nach den Schaubildern Abb. 32 u. 33 wird bei $v = 40$ m/min für den ersten Schruppschnitt bei $D = 74$ mm die Drehzahl $n = 180$ U/min, für den zweiten Schruppschnitt mit $D =$ rd. 80 mm würde v bei $n = 180$ U/min schon 45 m/min Schnittgeschwindigkeit ergeben, also jedenfalls für das Schruppen nicht mehr zulässig sein, während man bei dem leichten Schlichtspan wahrscheinlich wohl $n = 180$ U/min zulassen könnte. Wir würden also beim ersten Schruppspan $n = 180$, beim zweiten

$n = 112$ und beim Schlichtspan wieder $n = 180$ U/min einschalten. Die Drehlänge beträgt in allen drei Fällen $L = 85$ mm, wenn wir für An- und Überlauf zusammen 5 mm annehmen. Wir können also jeden der drei Schnitte für sich berechnen:

$$t_h = \frac{1 \cdot 85}{180 \cdot 0,25} + \frac{1 \cdot 85}{112 \cdot 0,25} + \frac{1 \cdot 85}{180 \cdot 0,11} = 1,88 + 3,04 + 4,3 = 9,22 \text{ min.}$$

55. Laufzeit beim Plan- oder Querdrehen. Beim Querdrehen bewegt sich der Drehmeißel meistens von außen nach innen senkrecht zur Achse von Drehspindel und Werkstück, so daß der Drehdurchmesser stetig kleiner wird, zugleich damit auch die Geschwindigkeit v. Bei Schrupparbeiten kann man die Drehbank von Zeit zu Zeit anhalten und die nächsthöhere Drehzahl einschalten, um so die abgesunkene Schnittgeschwindigkeit wieder zu erhöhen. Bei Schlichtarbeiten ist das nicht zulässig, weil jedes Anhalten eine Markierung auf der Arbeitsfläche hervorruft, so daß das Drehbild dann nicht einwandfrei ist.

Das Nachschalten der Drehzahl beim Querdrehen ist in Abb. 32 bei $v = 30$ dargestellt. Die schraffierten Zacken in diesem Schaubild zeigen an, wie die wirkliche Schnittgeschwindigkeit verläuft, wenn man jeweils im genau richtigen Zeitpunkt nachschaltet. Dabei fällt dann v von $D = 530$ bis $D = 342$ auf 19 m/min ab, hier wird umgeschaltet auf $n = 28$ U/min und damit v für einen Moment wieder auf 30 erhöht usw. Die nächsten Schaltungen müssen dann bei $D = 212$, 135, 85, 55, 35, 20 und 15 mm Durchmesser erfolgen.

Um einen guten Überblick zu gewinnen, wollen wir für dieses Beispiel vergleichsweise die Laufzeiten bei einem Schnitt ($i = 1$) und einem Vorschub $s = 0,2$ mm/U ausrechnen.

Vorweg sei bemerkt, daß beim Querdrehen die Drehlänge, der Schnittweg, genau so wie beim Längsdrehen in Richtung des Vorschubes gemessen und mit L bezeichnet wird. Wenn wir also bei $D = 350$ zu drehen anfangen und den Weg des Meißels bis zum ersten Schalten betrachten, so müssen wir L als Unterschied der beiden Halbmesser von $D = 530$ und $D = 342$, also $L = \frac{530}{2} - \frac{342}{2} = 265 - 171$ $= 94$ mm bestimmen. Das ist die Breite der Kreisringfläche. Wir wollen nun die Laufzeit ausrechnen, einmal für das Abdrehen der ganzen Kreisfläche mit der Anfangsdrehzahl, also ohne Nachschalten, zweitens für das Abdrehen in Stufen nach Abb. 32 und drittens unter der Voraussetzung, daß es möglich wäre, für das Abdrehen der ganzen Kreisfläche die volle Schnittgeschwindigkeit von 30 m/min aufrecht zu erhalten (stufenloses Getriebe).

a) Die Drehlänge L sei gleich dem Halbmesser der Gesamtfläche, also $L = 265$ mm, dann wird nach Gl. (16) bei $i = 1$, $s = 0,2$ und $n = 18$ die Hauptzeit

$$t_h = \frac{i \cdot L}{n \cdot s} = \frac{1 \cdot 265}{18 \cdot 0,2} = \frac{265}{3,6} = 73,7 \text{ min.}$$

b) Wenn gemäß Abb. 32 nachgeschaltet wird, muß jede Kreisringfläche gesondert berechnet werden. Wir setzen daher in die Gl. (16) die entsprechenden Zahlen ein; dabei lassen wir $i = 1$ gleich weg.

$$t_h = \frac{265 - 171}{18 \cdot 0,2} + \frac{171 - 106}{28 \cdot 0,2} + \frac{106 - 67,5}{45 \cdot 0,2} + \frac{67,5 - 42,5}{71 \cdot 0,2} + \frac{42,5 - 27,5}{112 \cdot 0,2} + \frac{27,5 - 17,5}{180 \cdot 0,2}$$

$$+ \frac{17,5 - 10}{280 \cdot 0,2} + \frac{10 - 7,5}{450 \cdot 0,2} + \frac{7,5}{710 \cdot 0,2}$$

$$= \frac{94}{3,6} + \frac{65}{5,6} + \frac{38,5}{9} + \frac{25}{14,2} + \frac{15}{22,4} + \frac{10}{36} + \frac{7,5}{56} + \frac{2,5}{90} + \frac{7,5}{142}$$

$$= 26,1 + 11,6 + 4,28 + 1,76 + 0,67 + 0,28 + 0,13 + 0,03 + 0,05$$

$$= 44,9 \text{ min.}$$

Der Praktiker wird sofort sagen, daß die letzten drei oder vier Schaltungen keinen Nutzen bringen, weil die Zeit für das Anhalten der Drehbank, Schalten und

Wiederingangsetzen größer ist als der Zeitgewinn. Man wird also praktisch auf diese Schaltungen verzichten. Die Hauptzeit wird, wenn bei $D = 85$ mm als letzte Drehzahl $n = 112$ eingeschaltet wird, nur sehr wenig größer:

$$t_h = 26{,}1 + 11{,}6 + 4{,}28 + 1{,}76 + \frac{42{,}5}{112 \cdot 0{,}2} = 43{,}74 + 1{,}9 = 45{,}64 \text{ min}.$$

c) Wir wollen jetzt noch einen **besonderen Fall** betrachten, indem wir annehmen, wir hätten für die obige Aufgabe eine Drehbank zur Verfügung mit *stufenlosem hydraulischem* oder *mechanischem Getriebe*, die bei Änderung des Drehdurchmessers und entsprechender Bewegung des Werkzeugschlittens die einmal eingestellte Schnittgeschwindigkeit gleichhält, d. h. die Drehzahl selbsttätig in Abhängigkeit von der Stellung des Querschlittens einstellt. Für die obige Aufgabe, eine Fläche von 530 mm Durchmesser zu drehen, läßt sich die Laufzeit dann folgendermaßen berechnen:

Wenn die Schnittgeschwindigkeit v m/min beträgt und der Vorschub s mm/U, dann wird in einer Minute eine Fläche abgedreht, die eine Länge von v m oder $1000 \cdot v$ mm und eine Breite von s mm hat, d. h. die bearbeitete Fläche ist gleich $1000 \cdot v \cdot s$ mm²/min. Die in der gestellten Aufgabe abzudrehende Fläche ist die Kreisfläche vom Durchmesser D mm. Der Flächeninhalt eines Kreises ist $D^2 \cdot \pi/4$. Wir erhalten die Zeit zum Abdrehen der Kreisfläche, wenn wir diese Fläche durch die in *einer* Minute bearbeitete Fläche teilen, also für den Fall, daß i Schnitte nötig sind:

$$t_h = \frac{i \cdot D^2 \cdot \pi}{4 \cdot 1000 \cdot v \cdot s} \text{ min}. \tag{17}$$

Diese Gleichung gilt natürlich *nur* für den Fall des Querdrehens bei *selbsttätig gleichgehaltener* Schnittgeschwindigkeit. Setzen wir die Zahlenwerte der Aufgabe ein, so wird:

$$t_h = \frac{1 \cdot 530^2 \cdot \pi}{4 \cdot 1000 \cdot 30 \cdot 0{,}2} = \frac{280\,900 \cdot \pi}{24\,000} = 36{,}8 \text{ min}.$$

Wir erkennen, daß diese Zeit genau die Hälfte der unter a) errechneten Zeit ist. Mit selbsttätiger stufenloser Drehzahlschaltung über den ganzen Drehbereich kann man also z. B. beim Querschlichten die Hälfte der Schnittdauer gegenüber einer gewöhnlichen Drehbank einsparen und erzielt dabei für die ganze Fläche infolge der gleichbleibenden Schnittgeschwindigkeit die gleiche Oberflächengüte. Bei Kreisflächen hat die Drehzahlsteigerung natürlich nahe der Mitte, wo sie rechnerisch sehr groß werden müßte, praktisch eine Grenze.

Mit der Entwicklung des Nachformdrehens[1] ist ein gewisser Anreiz gegeben, auch die stufenlose Drehzahleinstellung stärker als bisher zu beachten.

56. Allgemeine Laufzeitformel. Wenn man in die Gl. (16) aus Gl. (15) für n den Wert $n = \dfrac{1000 \cdot v}{D \cdot \pi}$ unter dem Bruchstrich einsetzt, erhält man

$$t_h = \frac{i \cdot L}{\dfrac{1000 \cdot v}{D \cdot \pi} \cdot s} = \frac{i \cdot D \cdot \pi \cdot L}{1000 \cdot v \cdot s} \text{ min}. \tag{18}$$

Darin ist D bei jedem Schnitt derjenige Durchmesser, für den man die Schnittgeschwindigkeit v annimmt, die sich dann, weil die Drehzahl für den ganzen Schnitt gleich bleibt, mit dem Durchmessser im gleichen Verhältnis, wie in Abb. 32 dargestellt, ändert.

In der Regel wird D also der *größte* von der Werkzeugschneide berührte Durchmesser der jeweils bearbeiteten Fläche sein. Es sei ausdrücklich hervorgehoben, daß die Fläche $D \cdot \pi \cdot L$ nur beim Zylinder mit der bearbeiteten geometrischen Fläche übereinstimmt. In den anderen Fällen wird so gerechnet, als wenn eine Zylinderfläche vom größten Drehdurchmesser D und der Bearbeitungslänge L bearbeitet würde, die ja größer ist als z. B. die geometrische Fläche des Kreises, Kreisringes oder Kegels. Da wir aber v mit seinem Größtwert in die Berechnung einsetzen, müssen wir rechnerisch auch den Umfang $D \cdot \pi$ für den ganzen Schnitt als gleichbleibend annehmen, weil nur auf diese Weise berücksichtigt wird, daß das Verhältnis $v : D$ während des Schnittes gleich bleibt.

Die Gl. (18) wird in Aufgaben wie z. B. Tabelle 15 zur Berechnung von t_h für jede Bearbeitungsfläche für sich verwendet. Man kann aber auch alle Flächen zunächst zusammenfassen, die mit denselben v und s zu berechnen sind, und braucht dann nur noch deren Summe durch $1000 \cdot v \cdot s$ zu teilen. Für Überschlagsrechnungen, zumal, wenn die zu verwendende Drehbank nicht bekannt ist, ergibt die Gl. (18) brauchbare Zahlen.

---

[1] Siehe Werkstattbuch Heft 113: C. H. STAU, Nachformeinrichtungen für Drehbänke (Kopierdrehen).

57. Die gesamte Arbeitszeit enthält außer der Hauptzeit (t_h) auch die Nebenzeiten und Rüstzeiten. Dazu kommt dann noch ein Verteilzeitzuschlag, dessen Höhe gewöhnlich in Prozenten festgesetzt wird ($10 \cdots 20\%$).

Tabelle 12. *Richtwerte für Spannzeiten in Minuten*

Art des Spannens	bis 5 kg	bis 20 kg	über 20 kg
Zwischen Spitzen und im Futter . .	0,8	1,5	2,5
Dorn oder Planscheibe	1,5	2,5	4

Tabelle 13. *Richtwerte für Anstellen und Messen*

Allgemein für den 1. Span . . . . 1 min
Für jeden weiteren Schruppspan . . . . 0,5 min
Für jeden weiteren Schlichtspan . . . . 1 min
Für jeden weiteren Schlichtspan bei Werkstücken über 300 mm Länge 2 min

Tabelle 14. *Richtwerte für Rüstzeiten*

Regelmäßig vorkommendes Rüsten (einschl. Abrüsten) . . . . 8 min
In besonderen Fällen (z.B. für das Aufbringen besonders schwerer
　Planscheiben, besonderer Spannvorrichtungen) zusätzlich . . . . . 5 min

Zu den *Nebenzeiten*, die ebenso wie die Hauptzeiten bei jedem Stück wieder vorkommen, rechnet man das Spannen, Anstellen, Messen usw.

Rüstzeiten sind die Zeiten für das Herrichten, Aufräumen, Säubern des Arbeitsplatzes und der Betriebsmittel, für das Empfangen des Auftrages, die Besprechung desselben, für das Besorgen des Werkstoffes und Werkzeuges. Rüstzeiten kommen bei jedem Auftrag (Akkord) nur *einmal* vor und werden deshalb in der Zeitzusammenstellung von den Ausführungszeiten getrennt angegeben.

Verteilzeiten entstehen durch persönliche Bedürfnisse, Schäden der Betriebseinrichtungen, Wartezeiten, Schmieren der Maschine usw.

Nur die Hauptzeit, soweit sie reine Maschinenzeit ist, kann genau berechnet werden. Die übrigen Zeiten sind von den Betriebseinrichtungen, von Maschinen, Werkzeugen, vom Werkstoff usw. abhängig. Hier kann es sich nur um Schätzungen und Erfahrungswerte handeln. Zweckmäßig werden solche Zeiten durch Arbeits- und Zeitstudien ermittelt. Da in jedem Betrieb andere Hilfseinrichtungen und andere Verhältnisse vorhanden sind, muß sich jeder Betrieb auch die Tabellen mit den Erfahrungswerten selbst aufstellen. Die in den Tabellen 12 bis 14 angeführten Werte können nur *Richtwerte* sein, wie schon angegeben wurde.

Zu ihren Vorkalkulationen benutzen die Betriebe häufig Vordrucke, in die die Zahlenwerte eingetragen werden. Ein Muster dafür möge folgen (Tabelle 15).

Berechnung der *Hauptzeiten* nach Gl. (18):

Fläche a schruppen: $t_h = \dfrac{i \cdot D \cdot \pi \cdot L}{1000 \cdot v \cdot s} = \dfrac{1 \cdot 800 \cdot \pi \cdot 600}{1000 \cdot 18 \cdot 0,5} = \dfrac{8 \cdot 3,14 \cdot 10}{3 \cdot 0,5} = \dfrac{251,2}{1,5} = 167,4 \text{ min};$

Fläche a schlichten: $t_h = \dfrac{1 \cdot 800 \cdot 3,14 \cdot 600}{1000 \cdot 18 \cdot 1,5} = \dfrac{8 \cdot 3,14 \cdot 10}{3 \cdot 1,5} = \dfrac{251,2}{4,5} = 55,8 \text{ min};$

Fläche b schruppen: $t_h = \dfrac{1 \cdot 800 \cdot 3,14 \cdot 10}{1000 \cdot 18 \cdot 0,5} \cdot 2 = \dfrac{8 \cdot 3,14}{18 \cdot 0,5} \cdot 2 = \dfrac{50,24}{9} = 5,6 \text{ min};$

Fläche d bohren, 2.—4. Schnitt:

$$t_h = \dfrac{3 \cdot 80 \cdot 3,14 \cdot 120}{1000 \cdot 15 \cdot 0,5} \cdot 2 = \dfrac{8 \cdot 3,14 \cdot 12}{5 \cdot 5} \cdot 2 = \dfrac{602,88}{25} = 24,1 \text{ min usw.}$$

Berechnung der *Nebenzeiten*:

a) Spannzeiten nach Tabelle 12: Das Gewicht des Werkstückes beträgt mehr als 20 kg; folglich sind für einmal Spannen (einschl. Lösen) = 2,5 beziehungsweise 4 min einzusetzen.

Tabelle 15. *Berechnungsbeispiel für eine Riemenscheibe*

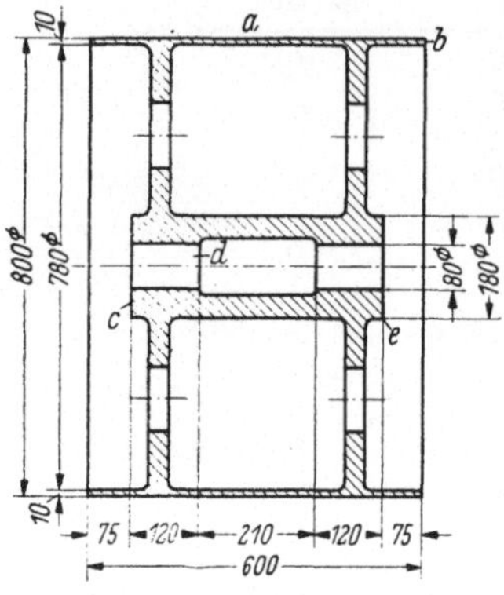

Bezeichnung des Werkstückes, Zeichnung, Werkstoff	Fläche	Art der Arbeit	i	D	L	v	s	gleiche Flächen	Zeit in min	min
Riemenscheibe Grauguß	a	schruppen	1	800	600	18	0,5	1	167,4	
		schlichten	1	800	600	18	1,5	1	55,8	
	b	schruppen	1	800	10	18	0,5	2	5,6	
		schlichten	1	800	10	18	0,5	2	5,6	
	c	schruppen	1	180	50	18	0,5	2	4,5	
		schlichten	1	180	50	18	0,5	2	4,5	
	d	bohren:								
		1. Schnitt	1	80	120	15	0,2	2	20,1	
		2.—4. Schnitt	3	80	120	15	0,5	2	24,1	
		nachreiben	1	80	120	10	1,5	2	4,0	
	e	abrunden						2	6,0	
		Hauptzeit							297,6	
		Nebenzeit[1]							35,0	
		Grundzeit[2]							332,6	
		Verlustzeitzuschlag z. Grundzeit (12%) . .							40,0	
		Ausführungszeit (für 1 Stück)							372,6	375
		Rüstgrundzeit[3]							13,0	
		Verlustzeitzuschlag z. Rüstzeit (12%) . .							1,6	
		Rüstzeit							14,6	15
		Auftragszeit[4]								390

Abb. 35

[1] Berechnet aus den Tabellen 12 u. 13. [3] Geschätzt nach Tabelle 14.
[2] Grundzeit = Hauptzeit + Nebenzeit. [4] Auftragszeit = Rüstzeit + Stückzahl mal Ausführungszeit.

Das Werkstück wird zunächst an die Planscheibe gespannt, dann wird es einmal umgespannt und zum Schlichten der Fläche a usw. auf einem Dorn zwischen Spitzen gespannt; folglich Spannzeiten $= 3 \cdot 4 = 12$ min.

b) Zeiten für Anstellen und Messen nach Tabelle 13:

7 erste Schruppspäne.	=	7 min
4 weitere Schruppspäne.	=	2 ,,
3 Schlichtspäne über 300 mm Länge	=	6 ,,
4 weitere Schlichtspäne.	=	4 ,,
Nachreiben und Abrunden . . .	=	4 ,,
	Summe	= 23 min

Gesamte Nebenzeit $= 12 + 23 = 35$ min.

Schätzen der Rüstgrundzeit nach Tabelle 14:

Regelmäßige Rüstzeit (einschl. Abrüsten) $= 8$ min.

Da die Riemenscheibe 800 mm Durchmesser hat und angenommen wird, daß eine schwere Planscheibe auf die Spindel der Drehbank aufgebracht werden muß, ist ein Zuschlag von 5 min zu machen, so daß die Rüstgrundzeit mit 13 min einzusetzen ist. Erwähnt sei jedoch, daß diese Werte nur Richtwerte sind. Sie können unter Umständen erheblich überschritten werden, da sie von den Betriebseinrichtungen und anderen Verhältnissen abhängig sind.

In der Tabelle 15 wird angenommen, daß nur *eine* Riemenscheibe anzufertigen ist. Bei Herstellung von mehreren, z. B. 3 gleichen Scheiben, bleibt die Berechnung genau so wie oben, nur muß dann die Ausführungszeit mit 3 malgenommen werden; also $375 \cdot 3 = 1125$ min. Die Rüstzeit aber bleibt die gleiche. Folglich beträgt die Auftragszeit für 3 Scheiben $1125 + 15 = 1140$ min.

Zur Übung wird empfohlen, das vorstehende Beispiel einer Riemenscheibe auch mit der Gl. (16) aus Abschn. 54 durchzurechnen und dabei einmal die Drehbank zu verwenden, deren Schaubild in Abb. 27 wiedergegeben ist, und außerdem vielleicht noch diejenige, deren Drehzahlen den Abb. 32 u. 33 zugrunde liegen.

<u>Einteilung der bisher erschienenen Hefte nach Fachgebieten (Fortsetzung)</u>

II. Spangebende Formung (Fortsetzung)

Heft

Außenräumen. 2. Aufl. Von A. Schatz... 80
Das Schleifen und Polieren der Metalle. 5. Aufl. Von H. Staudinger...................... 5
Spitzenloses Schleifen I — Maschinenaufbau und Arbeitsweise —. Von W. Hofmann 97
Spitzenloses Schleifen II — Zusatzvorrichtungen, Genauigkeits- und Schönheitsschliff —.
    Von W. Hofmann.. 107
Läppen. Von H. H. Finkelnburg... 105
Werkzeugschleifen. Von A. Rottler.. 94
Feilen. 2. Aufl. Von B. Buxbaum †.. 46
Das Sägen der Metalle. 2. Aufl. Von J. Hollaender................................... 40
Die Fräser. 4. Aufl. Von E. Brödner.. 22
Das Fräsen. 3. Aufl. Von H. H. Klein... 88
Nachformeinrichtungen für Drehbänke (Kopierdrehen). Von C. H. Stau............... 113
Die wirtschaftliche Verwendung von Einspindelautomaten. 2. Aufl. Von H. H. Finkelnburg 81
Die wirtschaftliche Verwendung von Mehrspindelautomaten. 2. Aufl. Von H. H. Finkelnburg 71
Werkzeugeinrichtungen auf Einspindelautomaten. 2. Aufl. Von F. Petzoldt............. 83
Werkzeugeinrichtungen auf Mehrspindelautomaten. Von F. Petzoldt.................... 95
Maschinen und Werkzeuge für die spangebende Holzbearbeitung. 2. Aufl. Von H. Wich-
    mann... 78

III. Spanlose Formung

Freiformschmiede I — Grundlagen, Werkstoff der Schmiede, Technologie des Schmie-
    dens —. 4. Aufl. Von F. W. Duesing und A. Stodt..................................... 11
Freiformschmiede II — Konstruktion und Ausführung von Schmiedestücken. Schmiede-
    beispiele —. 3. Aufl. Von A. Stodt... 12
Freiformschmiede III — Einrichtung u. Werkzeuge der Schmiede —. 2. Aufl. Von A. Stodt 56
Gesenkschmieden von Stahl I — Technologische Grundlagen der Gestaltung von Schmie-
    destücken und Schmiedewerkzeugen —. 3. Aufl. Von H. Kaessberg................... 31
Gesenkschmieden von Stahl II — Die Gestaltung der Schmiedewerkzeuge —. 2. Aufl.
    Von H. Kaessberg 58
Das Pressen und Gesenkeschmieden der Nichteisenmetalle. 2. Aufl. Von A. Peter....... 41
Die Herstellung roher Schrauben I — Anstauchen der Köpfe —. Von J. Berger......... 39
Stanztechnik I — Schnittechnik —. 3. Aufl. Von E. Krabbe......................... 44
Stanztechnik II — Die Bauteile des Schnittes. —. 2. Aufl. Von E. Krabbe............. 57
Stanztechnik III — Grundsätze für den Aufbau von Schnittwerkzeugen —. Von E. Krabbe 59
Stanztechnik IV — Formstanzen —. 2. Aufl. Von W. Sellin.......................... 60
Tiefziehtechnik — Formstanzen, Gummipressen, Tiefziehen. 4. Aufl. Von W. Sellin..... 25
Metalldrücken. Von W. Sellin.. 117
Hydraulische Preßanlagen für die Kunstharzverarbeitung. 2. Aufl. Von H. Lindner..... 82

IV. Schweißen, Löten, Gießerei

Die neueren Schweißverfahren. 7. Auflage. Von P. Schimpke.......................... 13
Das Lichtbogenschweißen. 4. Aufl. Von E. Klosse.................................... 43
Praktische Regeln für den Elektroschweißer. 3. Aufl. Von R. Hesse.................... 74
Widerstandsschweißen. 2. Aufl. Von W. Fahrenbach.................................. 73
Das Schweißen der Leichtmetalle. 2. Aufl. Von Th. Ricken........................... 85
Schweißtechnische Berechnungen. Von E. Klosse.................................... 102
Metallspritzen. Von K. Krekeler und K. Steinemer.................................. 93
Das Löten. 4. Aufl. Von R. von Linde.. 28
Fachkunde für den Modellbau. 2. Aufl. Von E. Kadlec............................... 72
Der Holzmodellbau I — Allgemeines, einfachere Modelle —. 3. Aufl. Von R. Löwer..... 14
Der Holzmodellbau II — Beispiele von Modellen und Schablonen zum Formen —. 3. Aufl.
    Von R. Löwer.. 17
Modell- und Modellplattenherstellung für die Maschinenformerei. 2. Aufl. Von H. Jung 37
Der Gießerei-Schachtofen im Aufbau und Betrieb. 4. Aufl. Von Joh. Mehrtens......... 10
Handformerei. 2. Aufl. Von F. Naumann.. 70
Maschinenformerei. Von U. Lohse †. 2. Aufl. Von H. Allendorf....................... 66
Formsandaufbereitung und Gußputzerei. Von U. Lohse............................... 68
Einwandfreier Formguß. 3. Aufl. Von E. Kothny.................................... 30

(Fortsetzung 4. Umschlagseite)